U0381039

植物在想什么

[法]雅克·达森 著

范思晨 译

海南出版社

·海口·

版权合同登记号：图字：30-2018-013 号

图书在版编目（CIP）数据

植物在想什么 /（法）雅克·达森
(Jacques Tassin) 著；范思晨译．-- 海口：海南出版
社，2018.10（2023.6 重印）
ISBN 978-7-5443-8006-5

Ⅰ．①植… Ⅱ．①雅… ②范… Ⅲ．①植物 – 普及读
物 Ⅳ．① Q94-49

中国版本图书馆 CIP 数据核字 (2018) 第 183622 号

植物在想什么

作　　者：［法］雅克·达森
译　　者：范思晨
责任编辑：张　雪
策划编辑：洪紫玉
责任印制：杨　程
封面插画：陈妍丹
印刷装订：河北盛世彩捷印刷有限公司
读者服务：唐雪飞
出版发行：海南出版社
总社地址：海口市金盘开发区建设三横路 2 号
邮　　编：570216
北京地址：北京市朝阳区黄厂路 3 号院 7 号楼 101 室
电　　话：0898-66830929　　010-87336670
投稿邮箱：hnbook@263.net
经　　销：全国新华书店
出版日期：2018 年 10 月第 1 版　2023 年 6 月第 3 次印刷
开　　本：880 mm × 1 230 mm　1/32
印　　张：6.875
字　　数：138 千
书　　号：ISBN 978-7-5443-8006-5
定　　价：42.00 元

目录

CONTENTS

前言

INTRODUCTION

人行道旁，一株小小的植物伸展着它的叶子。三个行人陆续经过，一个接一个地，他们注意到了这株小小的植物。

第一个人，也是最匆忙的那一个，在经过的一瞬间嘟囔道：“这是一株什么植物呢？”他热衷于辨别植物并由此获得知识，但他并不知道它的名字，因此，他也就丝毫无法了解这株植物了。于是他按照同样的步调继续前行。

第二个人放慢了脚步，面对这个他并不怎么了解的陌生生命体，他浮想联翩，自问道：“什么是植物呢？”他不明白这株植物是如何在如此恶劣的环境下存活的，并且还是一个所有动物都不能适应的环境。他开始了一个简短的生态分析诊断，然后意识到“装备齐全”的植物确实拥有在这种环境下生长存活的能力。分析结果满足于自己的所思所想，他笑着离开了。

第三个人先是大幅放慢脚步，然后全然停住了。他很困惑，因为他提的问题更加宏大：“做一株植物是怎样的呢？”他在记忆中搜索着人们关于这个问题所能做出的且已做出的回答，然而他依旧一无所知，仿佛置身于一个无底洞之上，什么也看不明晰，他迷惘了。

而这本书的目的正是帮助那最后一个路人解开其困惑找出答案的。

做一株植物到底是什么样的呢？当我们试图揭开植物的神秘面纱以窥其真容时，我们又能看到什么呢？“自然喜欢隐藏自己”，这是赫拉克利特在 2500 年前就说过的，但自然却为植物蒙上了一层更加晦暗而不透光的织物。植物，这种生命体在我们的生活环境中随处可见，我们却并不能透彻地了解它们。我们赋予了它们很多名字，也确认了它们的部分特有机制，但我们对植物本身究竟为何物几乎可以说是一无所知。

植物——我们永恒的伙伴、太阳的女儿——悲哀地活在阴影里。关于植物，我们所窥到的也只是“固有印象”而已，认为植物就是我们想的那个样子。正如最后那个行人一样，我们感到迷惘，不知经由何路才能了解“做一株植物是怎样的呢”。为了回答这个问题，我们应行事谦恭，上下求索，不放过任何一束照亮晦暗的光。过往的科学成果无疑将成为照亮我们前行道路的无上明灯，然而为了洞悉黑暗深处，我们有时也应汲取哲学家的远见卓识与诗人的灵感直觉。功绩尚浅，道路亦远，我们仍需努力。也许，那蜷缩在街角一方天地里的植物，终有一天在摘下面纱后会向我们展现它的真正面容。

序言

PREFACE

植物的小心思，人类能懂吗？

看到《植物在想什么》这本书稿的时候，我想起了一件事儿，在博士论文答辩的时候，我的主题是“探讨欺骗性兰科植物是如何能欺骗虫子传播花粉，而又不给虫子提供花粉、花蜜这些食物”。中科院植物所的陈之端老师问了我一个问题：“那些虫子是不是不为吃喝，只是为了来娱乐一下呢？”现在想起来，这还真未尝不可，子非鱼，安知鱼之乐？我没办法否定这事儿啊，或者，我们再往前推一步，这些欺骗虫子的兰花，是不是只是为了寻得一个玩伴呢？

植物真的有感官吗，甚至说会有感情吗？

中国有句老话叫“人非草木，孰能无情”，一句话就把植物摆到了人类的对立面。试想，如果家中茉莉花听着郭德纲的相声笑得花枝乱颤，那恐怕才是吓人的场景吧。那么，植物真的是没有情感、没有觉知的生物吗?

“植物是什么”这个问题从亚里士多德存在的时代就一直被人琢磨，而《植物在想什么》这本书，在这个问题的基础上进一步探讨了“植物在想什么”这样一个引人入胜的问题。这本书从植物的存在、运动、敏感性、交流、时间观及共生六个层面记述人类对植物感知和认识的演进过程，勾勒人类对植物认识的图景。

近几十年，人类对于宇宙的认知有了爆炸性的飞跃，我们侦测到了引力波、暗物质，甚至可以描绘宇宙诞生时的宏大场景。然而，对于身边那些习以为常的植物，我们对其认知很缓慢并且很难窥其原貌。植物为什么要有心思，这大概是我们都需要思考的一个核心。

作为一个坚定支持达尔文的生物学工作者，我坚信两条准则，一是“存在即合理”，二是“自然界是厌恶浪费的”。纵观古今，那些浪费资源的个体注定很难活下来，或者说很难留下优秀的后代。在这本书中，作者为我们展示了植物的诸多特殊能力——归根结底就是为了生存。除了我们耳熟能详的植物的向光性运动、含羞草的闭合运动，还有大家不是很熟悉的南非羚羊中毒事件，更有植物根系对振动和音乐的反应、辨认出自己的“兄弟姐妹”、在土壤营养的分配上做出取舍等，都是为了生存。而植物又是如何达成这些目的的呢?对此，科学家们也在想方设法破解。比如说，对于植物通风报信，我们已经有了比较清晰的认识——金合欢受到伤害时会释放出大量的乙烯，而这些气体分子可以提醒周围的金合欢尽可能多地累积单宁以做好自身的防御工作。只是，我们对于更多的植物交流的方法、方式尚不清楚。植物究竟会不会通过声音来交流？植物有没有类似人类的中枢神经系统？植物是如何指挥自己的身体来应对危机及与动物和真菌共生的？这些事情到今天，我们也没有一个确切的答案。

我们身处的这个蓝色星球充满了神奇，从宏观世界到微观世界，无尽的未知领域激发着我们去探寻、去发现，而人类正是因为拥有了这样一颗好奇之心才得以不断进步，得以创造出更多的文明和生命的奇迹。

雅克·达森的这本书以有理有据的科学事实和优美生动的句子引导我们亲近和探索植物世界，引导我们以一个全新的视角来审视植物这一生命体。这本书值得每一个人去学习、去思考。

不妨设想一下，如果上述的这些问题得以解答，我们能够与植物进行直接的对话和沟通，那我们很有可能可以轻而易举地解决食物问题，甚至能以一种全新的形态存在于宇宙之中。

而这一切的一切，都要开始于我们搞清楚植物到底在想什么。

植物的小心思，我们真的能懂吗？不妨在书里找找启发吧。

中科院植物学博士、玉米实验室创始人史军

第一章

另一种生命存在

人和植物在本质上是不同的吗？这个问题虽然看似可笑却值得思考与探讨。实际上，很多人都自问过这个问题。人们不是经常说，植物之间可以交流，它们能感知甚至能思考并且有记忆力吗？最近报纸上不是也刊登了关于植物的神秘神经学的文章吗？的确，科学使人区别于其他生物，但又不可避免地把人与其他生命的存在形态归为一类。如今，动物生态学家向我们揭示：没有任何特异行为性可以使人与动物完全区别开来。人与其他物种间的屏障已经消失，界限也越发不明显。我们正逐渐褪去祖先为我们构筑的物种差异的光环。

生命存在本身就是不断自我超越和进化：海洋和山地不再是阻碍物种流通的不可逾越的障碍了，动物享有权利，植物的地位似乎也在上升，取代人类本身成为我们关注的焦点。“植物伦理”这一术语似乎日益流行。实际上，“一切生命体皆在不断延续进化”这一理念已经不是新理念了。法国哲学家皮埃尔·路易·莫佩尔蒂（1698—1759）已经否决了“生命体中存在可以隐约察觉的固有的物种的不连续性”这一理论，并认为物种进化具有连续性，他说："我以某种难以察觉的方式从猴子变为狗、变为狐狸，以某种难以察觉的方式，我会一直退化成牡蛎，甚至是植物，这种比牡蛎还要静止的生物。物种进化连续似线，不知为何，我无处可停。"法国哲学家狄德罗（1713—1784）写道："一切动物或多或少都有人的特性，一切矿物或多或少都有植物性，一切植物或多或少都有动物性。"黑格尔（1770—1831）认为这种排斥绝对界限的安排深得自然青睐。对法国昆虫学家让－亨利·法布尔（1823—1915）来说，在动、植物之间并不存在绝对的界限，前者的一切特性，甚至是运动和易感性，在后者身上都有体现，哪怕只是粗略体现。比利时作家莫里斯·梅特林克（1882—1949）也同样质疑这个神秘甚至可能根本不存在的动、植物王国的分水岭，而奥地利植物学家劳尔·海因里希·弗兰采（1874—1943）则在植物身上发现了与人类的起源相似的起源。那么我们可以据此得出"植物和人类相似"的结论吗？

通过在植物身上找出其与动物的相似之处来重新定位植物，从而强调植物与人的相似性倒不失为一个简单易行的方法。根深蒂固的"动物中心主义"使我们习惯以动物特征来衡量世界。但黑格尔却强烈反对这种一味地靠物种类比法进行的研究，他认为这种研究只是由表象得出结论，缺乏深入内在的分析。尽管黑格尔的看法或许有道理，这种物种类比法却还是大为流行。比如，我们会说"森林是地球之肺"，而且近来出版的研究植物"敏感度""智力"和"行为"的书籍也都是以动物为模型作类比的。

就连《植物的神秘生活》这本自认为它的见解比那些“大学教员浮夸而迂腐的瞎话”高明 10000 倍的畅销书，也充斥着伪科学。但是动物真的能作为研究植物的绝佳参照物吗？应当承认，“动物中心主义”确实能带来一些启发，这种亚里士多德式推论方法的本质就在于使未知事物接近已知事物，类比寻找相似性以探究了解未知事物，这并不荒谬，法布尔也认为以动物为参考对研究植物是有帮助的。“如果‘拟人论’真的有助于表达，那就别讽刺它。”植物学家卢西恩·巴约如是说。

当然，更为真实可靠、更为自由的研究方法也是存在的，试想，如果我们在研究植物时不采取“动物中心主义”，而是采取“植物中心主义”，这会不会是一个好方法呢？这种研究方法把植物当作植物本身来研究，而不是借助外在的类比模型。迈克尔·马尔德，这位巴斯克地区维多利亚大学的年轻哲学家、《植物之思》的作者，打破了文化束缚及形而上的棱镜，改变了我们看待植物的固有方式。就如同牛顿参不透微粒世界一样，如果我们不改变对植物的固有看法，不打破常规参照系，我们就永远都不能真正地了解植物王国。以中立客观的态度、以植物本体论，或者以认识论学家弗朗索瓦·德拉波特提出的“植物性”这一术语的角度来分析植物，这一方法论也许会很艰辛甚至可能徒劳无功，但却是了解植物的良策。

亚里士多德的观点

我们很少关注植物，并认为其是温顺、安静的，但实际上正是植物——这生存竞争中的胜利者，以不争不语的姿态统治着地球上的一切生命体，暴露着我们思想的局限性。试想一下，在1公顷的温带森林里，植物总重300～400吨，而动物总重仅为100～500千克，因此植物自然就代表了99.8%的生命体。植物，这种生命体无处不在，却不为我们所察觉和理解。

“植物绝不是动物”，这是每个小孩生来就知道的事实。但是为了研究植物，还是要相信人们所说的，相信我们所认可的亚里士多德的观点。柏拉图与他的前人恩培多克勒（公元前495—公元前435）、德谟克利特（公元前460—公元前370）、阿那克萨哥拉（公元前500—公元前428）意见一致，且认为植物具有喜悦或痛苦的情感，他也觉得从事物本身出发去认识事物是不科学的。然而，亚里士多德则认为植物是没有运动能力和敏感性的，只是一种有“营养灵魂”[1]却不具有“感觉灵魂”的存在，新陈代谢是其唯一的生存形式，因此在生命的等级排序中，植物只比矿物质高等。而此处的“灵魂”指的是生活层面的灵魂而不是精神层面的灵魂。因为植物和地面很接近且都要被人踩踏，所以我们使用“plantes”一词代表植物，意为“脚底板”。

然而，亚里士多德的学生泰奥弗拉斯多（公元前371—公元前288）则反对这种过分强调动植物差异的“动物中心主义”的观点。可惜的是，这种观点已经深入人心了。瑞典博物学家卡尔·林奈[2]后来则又采取了这种关于自然的约定俗成的“动物中心主义论”的观点，并由此得出结论：石头会生长，植物生长且生存，动物生长、生存且感知。文艺复兴时期的思想家们只把动物看作机器而已，植物对于他们来说自然是更低等的存在。这些观点不断延续积累，在我们头脑中留下了深深的烙印，形成了固有思想：植物在我们眼中不过就是会轻微颤动的不明物质，是其他生命体可开发利用的疆域领地，是未能变成动物的动物毛坯，我们通常是不在乎它们的死活的。

[1] 因为植物有摄取营养的运动。

[2] 卡尔·林奈（1707—1778）是现代生物学双名命名法奠基人。

事实上，事情没那么简单。社会学家布鲁诺·拉图提醒道："我们从未真正现代化过。如果我们更重视植物的实用性，那么我们也一定会深受实用性衍生出的其他象征意义方面的影响。"比如，当一棵法国悬铃木从路边消失时，我们可能会很激动，而当我们被告知有那么一个公司非法贩卖植物基因时，我们会气愤得咬牙切齿。哲学家让·马克·德胡安认为，植物不仅为我们提供食物、药材和建筑材料，更鼓励我们去想象和思考。因为有了植物，我们需要与其共享一个生存空间，我们需要从文化重负中脱离出来，因为我们在茫茫世界中是各自孤立存在的，这种孤独感使我们迫切需要某种文化来使灵魂有可栖之地，而植物使我们有了共同的谈论对象。有时，我们还会禁不住把植物作为偶像。此外，亚里士多德还启发我们用这一植物性灵魂表示人不受理智控制的生理功能。比如形容一个人迷迷糊糊，我们可以说：这是一棵注定长不好的菜。然而灵长类学者今西锦司（1902—1992）观察到自己的植物性功能是独立于理智功能的，因为后者并不能控制前者。因此"植物性"这一词极具双重性。

犹太基督教教义也同样认为植物比有生命的创造物低等。上帝创造了动物却赋予大地繁育植物的使命，而诺亚起初也并没有打算在大洪水中解救植物。然而，正如法国作家皮埃尔·加斯卡尔（1916—1997）所戏谑的——神甫花园[1]——这一长久以来

[1] 建在教堂附近的神职人员的花园，园内种植各种蔬菜、水果及花卉，类似菜园，实用性极强，作物用于食用、药用及装饰教堂。

各种植物的庇护所，崇高而伟大地弥补了前两者对于植物“轻视”的过失。希腊传统习俗和犹太基督教习俗在把植物看作比动物低等的物种这一点上有极大的趋同性。因此，我们借助与动物有关的词汇来描述植物也就没什么令人吃惊的了。比如，树木也有“躯干”（树干）、“脚”（根），有时也会被“斩首”（截去顶枝），也会“做出哭泣状”（枝条下垂至地面），树干也有“心”、有“骨髓”（髓质），亦有“血管”（导管）以使得像“乳汁”一样的树液被运往各处。它们那些有时候有点“神经”的纤维也会遍布各处（取“神经纤维”意），它们常常也会有“伤口”及“结痂”后形成的“疤痕”。它们的花也会紧紧包住携带有“卵子”（胚珠）的“卵巢”（子房），它们的果实有时也有“肉”（果肉），且对于园艺家来说，芽是有“眼睛”[1]的。这份清单还不够详尽，这些借用语也能反向用。比如，耳部畸形的人不是会被说成“以一片树叶（通常是菜花叶的形状）做耳朵”[2]吗？漂亮姑娘们不也被称为“有‘玫瑰’面容的美丽‘植物’”吗？

也许，我们应当像法国哲学家加斯东·巴舍拉（1884—1962）一样承认，这些为数众多的人与树在外形上的联想类比是我们梦境活动的产物，在梦中，我们将自己的形象加在植物身上，有时亦会相反，将植物形象加到自己身上。

---

[1] 法语中以“œil”（眼睛）一词为词根构词，对不同种类、不同位置的芽进行命名。

[2] 中文学名为“菜花耳”，即皱缩呈耳廓菜花状。

被遗忘的王国

我们选择将植物遗忘，只因我们不能看出其本真面容。我们将其从我们对世界描绘的图景中抹去，仿佛它们并不存在。绿色，正如天空的蓝及夜的黑一样，是我们环境布景的主色调之一，一个如此简单的背景色，以至于根本不能引起我们的注意。植物群系和由植物群系构成的景观常常被混淆，因此它们往往共用同一个名字，比如密林、草原、灌木丛、极地针叶林等。但是我们只记住了景观，却忘记了构成景观的植物群系，不仅如此，我们更是忘记了“植物是古老的生命存在”这一事实。35 亿年前植物生成的氧气对我们来说似乎是亘古长存的，而曾经的广袤森林也化作了外形与普通岩石并无差异的煤。哲学家让·马克·德鲁因认为，植物，无论其形式如何——是现世存活抑或是已成化石，它始终是一个无处不在的悖论实体。它作为背景置身事外时给人的亲近熟悉感，与作为参与者投入其中时给人的陌生疏离感是等同的。人熟悉并习惯性忽视植物这一背景性存在，但当植物突然影响到其生活时，人又会对其展现出的陌生面孔大吃一惊，植物这一悖论实体，它似乎在那里又似乎不在那里。

植物，这一泓永不干涸的生命之泉，每年要牺牲其物质能源产量的1/4以满足我们的根本需求——食物、能源或医疗需求，它是经济社会、政治热点讨论问题的中心，农业、毁林、气候变化、绿色燃料、郊区绿化、植物入侵、植物疗法、转基因食品、地表径流管理、生物多样性破坏等一系列问题都围绕它展开。然而，植物却在“植物”这一词的频繁使用下消失了、隐去了，它只是一种材料，或者，从更高层次讲，它只是一个模糊的概念。介绍植物的书不计其数，却没有一本可以告诉我们植物本身是何物。于是，我们注定不能真正地了解植物的真容。若我们真如弗朗索瓦·德拉波特所说，我们为了更好地驯服植物使其为己所用而拒绝深入了解它、拒绝了解它的真容，只从功利角度出发，那么我们又如何将这个课题进行下去呢？

基于这个事实，科学迟迟没有把植物性作为研究对象。直到17世纪末，人们才打破了仅从功利角度出发去认识植物的局面，然而从古代人们就已经开始对动物进行纯粹的科学性研究了。卢梭[1]深谙此理，于是他指责医学是对植物的掠夺，并在其第七次散步途中写道："由于长久以来我们只从植物界汲取药物，我们忽略了植物组织本身也是值得引起关注的。只有像诗人歌德（1749—1832）或查尔斯·达尔文那样天才而卓越，才能对既有的机械论及分类上的桎梏嗤之以鼻，自由地研究植物本身。"于是前者对植物的形态发生学做出了贡献，后者则对植物的运动性做出了贡献。

我们只需观察、审视我们自己就足以了解植物在地球上的优势地位，以及植物所带来的好处了。实际上，植物是孕育我们的第二子宫，是指引我们回到我们本体的"根"。我们身体的孕育产生与树有着千丝万缕的关系，因为我们那遥远的灵长目祖先就曾住在树上，甚至，我们的身体已变成了植物延续发展的一个方面、一个表现。那些充斥着"生命之树""神圣森林"及"失落花园"等意象的神话传说正是佐证了这一点。

对于我们的灵长目祖先来说，在树间灵活移动比下地直立行走早了数千万年。我们有灵活的手指及对生拇指，我们有堪称解剖学奇迹的肩膀来控制手臂，我们的面部结构，我们那在树上存活进化所必不可少的立体视觉，我们的牙齿及我们的饮食习惯等，这些特征都与我们的祖先极为相似。因此，我们只需要看看自己即可印证很久以前我们祖先曾在树上居住的事实。美国作家

[1] 让－雅克·卢梭（1712—1778），法国哲学家。

杰克・伦敦（1876—1916）热衷于提起那些假想：我们的身体无限退化，最终它会展现出我们记忆最深处永远不曾遗忘的，来自远古祖先面对未知且危险的自然时的那份焦虑与恐惧。因此，加斯东・巴舍拉补充道：“我们的脚下仍然存在着无尽的深渊，以一副贪婪的嘴脸随时准备将我们吞噬殆尽。”

综上，难道我们不应该思考一下这个问题吗？如果我们的身体仍保留了树上生活经历所留下的痕迹，那么我们的精神也应同样受到其影响。

外延性

外延性是植物的本性，即植物在本质上是依赖于外界的。这一属性体现于其外形——植物面积比其体积大很多；这一属性体现于光能——植物先广泛收集光能而后再将其集中转化利用。植物不像动物那样和其自身有机物质混为一体，而是在物理及生物环境中扩展延伸，在利用环境的同时亦改变了环境，比如调节微气候、调节水循环、改变火的走向、改变土壤的化学物质的成分与含量、为数目众多且极为多样的动物群体提供食物及庇护所等。出于对水和光的极端渴求，扩展面积就成了植物生命存在的首要任务，因此，植物以叶向日、以根向地来满足其对光和水的需求。它并不会只居住于一个地方，它会占领并利用它所能延伸达到的空间整体，而它本身也就构成了这种空间整体的延伸，因为植物和环境是相互依存不可分离的，二者是一体的。而动物的“此处”则与其为一体，囿于其自身形体之中，动物本就是以一种独立整体的形式存在的，一个与外界割裂的存在，它从未全然进入“别处”。当我们自己移动的时候难道看不见世界在我们的周围移动吗？而相反，如果说植物不以其形体在空间中位移，它肯定在进行超越其自身的延展，它比我们更擅长延伸它的“此处”，它的“本体”[1]。“树慢享着整个苍穹”，诗人莱纳·玛利亚·里尔克[2]如是说。

对于这种外延性，光合作用是其极致体现，而固定性则是外延性的首要条件。一方面植物可以进行光合作用和无限生长，另一方面它又是固定静止的，这些特征是紧密相连不可分割的。一个需要根据光的方向来不断进行空间定位调整，一个需要不断进行重组再生以克服身体局限性、无限扩展其表面积以满足光合作用需求的生命体，究竟是怎样移动的呢？“阳光动力 2 号”[3]，

[1] 植物更擅长延伸自己，使外界环境成为自己的一部分，同时其自身也成为外界环境的一部分。它的“此处”是时刻处于延伸中的，而动物的“此处”则没有和外部环境产生太多联系，始终都囿于动物的形体，不曾延伸，也不曾变化，因此动物一直活在“此处”中，类似于自己筑起的生存之壳，从未完全进入、融入过外界环境。

[2] 莱纳·玛利亚·里尔克（1875—1926），奥地利诗人。

[3] “阳光动力 2 号”是全球最大的太阳能飞机，是唯一一架长航时、不必耗费一滴燃油便可昼夜连续飞行的太阳能飞机。其 2015 年 3 月起飞，计划跨越多个大洲，2015 年 6 月 1 日因恶劣天气被迫降落在日本的名古屋飞行场，后经多次维修终于完成绕地球 1 周的创举。

这架计划按照固定线路绕地球环行 1 周的飞机，只需沿着长长的轨道滑行即可实现其目的，如此简单。然而它运行得并不顺利，其结构噱头十足，却缺少灵活变通。若把这些局限性加到植物体身上，加到一个渴望以其他形态而不是仅以种子形态到处旅行的植物体身上，它会有更大的胜算吗？然而植物却偏偏突破了其固定静止的局限，随处肆意生长，取得了全球性胜利。因此，说起胜算，没有什么比这更不确定的了，一切都很难说啊。

植物的外延性与动物的内向性是相反的。法国自然主义作家雅克－昂利·贝尔纳丹·德·圣皮埃尔（1737—1814）在《自然的和谐》一书中写道："植物外化了动物所内化的东西。"卢西恩·巴约将此观点进一步发展演绎为"植物的'器官'位于体外，而动物的则位于体内"。这一区别与动物的原肠胚形成[1]有关，即在胚胎发育中形成的一种胚胎内褶，这一过程使动物的"内"与外在环境区别开来。基于这种生理学及解剖学上的内化发展过程，动物胚胎默默地转过了身，背向世界，拒绝向外界延伸自己的器官。而建立在与光的紧密关系基础之上的植物外延性，从本体论的角度上来讲，就与动物内部环境的获得利用相反，与动物内部器官的发展同样相反。此外，不拥有任何中枢器

[1] 原肠胚形成、发生在卵裂之后，原肠胚形成完成后，胚胎进入原肠胚时期，开始器官发生过程。新形成的 3 个胚层的细胞会组合并发育为器官。

官对植物也是一个优势，特别是当面对食草动物的捕食时[1]。

如果说动物的内化在其组织中保留了原始海域环境的影子，植物则完全脱离了其原始环境。最初的植物细胞占领了洪水退去露出的土地，衍生出原始的多细胞植物，类似于今天的某些绿藻。于是在5.4亿年前，这些多细胞植物“踏”上陆地，表皮上生出了用以同外界进行气体交换的气孔。它们还生成了植物保护组织及运输树液的管状组织，这些管状组织可为植物的地上部分提供营养，还可运输承载着遗传信息的高分子，比如核糖核蛋白和核糖核酸。它们慢慢地学会顺应其自身生理法则，扩展地上部分，最大程度扩大其生存空间，缓和树液输送中的缺水问题，好好利用材料力学准则以使“这座超出地面十几米的建筑”可以不太费力地应对恶劣气候的困扰。对于种子植物而言，雄配子不再需要水来给雌配子授精，这是一个至关重要的创举。3亿年前的石炭纪时期，地球早已被广袤的煤炭森林所覆盖。这一时期，进化成树的植物通过其叶与根系肆意扩展着它的表面积。之后则是在1.3亿年前的白垩纪初期，第一花期出现，被子植物变成了分布最广、种类最多样的植物。我们将看到这一演变是如何体现出植物外化的新形式及如何直接影响了动物的流动迁移的。

一个广为流传的悖论认为，植物比动物更加彻底地摆脱了其

[1] 即使丧失茎、叶、花、果实等器官也可能存活下去。

根源，因为动物转向了它自身、转向过去。但这只是植物自主性高于动物自主性的众多表现方面之一。植物营养学指出，从生理层面而言，植物直接倚着天地生活，这正是它通过叶和根所能同时触到的极限的两极，这两极相距甚远，而这其中，光极比暗极更有力。比利时化学家让－巴普蒂斯特·范·海尔蒙特（1579—1644）在17世纪初期历时5年所做的柳树在陶土盆里生长这一首创性实验，则是对这一观点的完美印证。他根据自己的实验观察得出结论，柳树增加的重量与土壤减少的重量并不一致。植物自身物质能量的99.8%都是通过光、空气和水而形成得到的。植物是流动性的产物，如同流动的空气的衍生物一般。自养是植物生理上的伟大创举，这一杰出能力可以使它利用光能合成自己的有机物，或者通俗一点儿说，即"植物通过吃掉光"，吃掉一定量的光它就会变成隐喻上的"光的存在"。然而土地对植物来说也是必不可少的，因为它可以为植物提供诸如氮、硫、磷、钾、钙、镁之类的宏量元素，以及诸如铁、硼、锰、铜、锌、钼、氯之类的微量元素，这些元素绝大部分植物只能从土壤中获得。动物依赖植物而生存，因为它通过消耗植物排出的氧气及生成的有机物而间接利用了植物的光合作用。这些动物，正如弗朗西斯·蓬热所说，是"世界的附属品"。

1771年，英国化学家约瑟夫·普利斯特里（1733—1804）因其发现"植物宽容性"而感动万分。在一个密闭的广口瓶里，一只老鼠刚因缺氧窒息而死，此时在瓶中放入一段薄荷茎，1周过去了，另一只老鼠却依然存活了好几天。由此得知，植物展现出一种更新再生因动物呼吸而毁掉的空气的能力，植物就像是一种对动物生命的另一种补给形式。于是，人们开始思考：动物到底具有多大的“世界附属品”的特征呢？

1796 年，荷兰医生扬·英格豪斯（1730—1799）通过展示植物在有光的条件下不仅将二氧化碳和水转化成有机物，还生成了氧气这一事实，进一步明确了所谓“植物宽容性”的固有发生过程。1845 年，德国物理学家尤利乌斯·罗伯特·冯·迈尔（1814—1878）揭示了光合作用可以把光能转化成化学能的现象。接着法国化学家让－巴蒂斯特·布森戈（1801—1887）又提出了“树叶可以生成淀粉”这一理论。然而直到 1940 年，随着碳的 14 号同位素（即碳十四）及色谱法的应用，人们才彻底参透光合作用的复杂机制。植物确实是光的存在，就像太阳的女儿一样。

既然光对树如此重要，一棵树也因此是扎根于天空的，那么实际上，它的“头”难道不应该像德谟克利特最先提出的那样埋于地下吗？亚里士多德赞同这一观点，然而泰奥弗拉斯多已厌烦于不断类比寻找动物和植物之间的相似性来认识植物了，于是他试着将植物中立化[1]，然而没有成功。意大利植物学家安德烈亚·切萨尔皮诺（1519—1603），因其在那个时候并不比

[1] 认为植物与动物有相似性，但也有自己的特点。

亚里士多德多懂多少，于是起初采取了同亚里士多德一样的观点，之后他发现植物根系也有知觉和情绪。从这个发现开始到发现植物智能，哲学家弗兰西斯·培根（1561—1626）、博物学家洛伦茨·奥肯（1779—1851），然后是查尔斯·达尔文（1809—1882），还有最近建立的极具阴谋色彩的植物神经生物学组织都只是前进了一小步而已，并无创新性进展。

但是树真的必须要有头吗？在这个问题上，诗人弗朗西斯·蓬热（1899—1988）以其远见卓识，抛弃我们共有的形而上观点，斩钉截铁地认为植物是绝对没有头的，这是世界上最理所当然的事了。一个连内部器官都没有的生物怎么可能有头呢？如果有的话，那个头也一定是空空如也。

生命不息，生长不止

植物外延性的第一演化定理即植物的无限生长，在植物的生长过程，光合作用发挥到极致。像树这样的高等植物，有时可存活几百年，这就需要其不断地根据光波的定位来调整其形态及生长方式，而为了达到这一点，除了无限生长再无它法。无限生长是应对光环境不稳定性的最有效方法，特别是在密集的树林中，树与树相互遮挡、竞争之时。这种无限生长是靠胚胎后期发育来保证进行的，而不是像动物那样的胚胎发育[1]。植物不会直接更

[1] 动物胚胎发育是胚胎构造由简单到复杂的过程，最后各种细胞分化成不同的组织、系统与器官，如皮肤、神经系统、骨骼与肌肉、循环系统与消化道等，形成完整的生物个体。而植物的器官则是靠胚胎后期发育不断形成和完善的。

新其细胞组织，而是通过向死亡细胞周围添加新细胞的方式实现组织的更新扩展。这些死亡细胞会参与植物机体发展并额外赋予其生长和结构分化的能力，这一点是动物所不能企及的。当动物或生或死，为其生死之间分明的界限而痛苦挣扎时，对于植物，植物学家哈雷·弗朗西斯总结道："一棵树的生存和死亡是同时进行的。"即它与其自身的死亡共存，出于这种相伴与共存，树看上去像是在时间的长河中静止安眠一般。

起初，人们认为树木实体的最重要部分是位于空气中的。尽管树干和树枝外形笨重且质地坚硬，但其地面之上具有生命力的部分仍是轻盈移动着的流动性存在，能够在网状斑驳的缺口中擒住那细碎的光。然而我们的目光依旧短浅，不能辨别出植物真正富有生命力的部分。我们的目光就像一层无力且浅薄的薄膜，而在其掩盖下的树干则是一具毫无生气的躯壳。要知道，我们所认为的富有生命力的树干，其"树心"不过是一颗永远不会跳动的心而已。在某些不严格的情况下，树干的自身缠绕可体现其生命活力，树干也的确是连接根系和树叶两极的轴线，是连接天与地、神界与冥界、天堂与地狱的轴线。因此，它也许具有某些独特的能量。此外，对树干的这一身份定位也符合 16 世纪的树木类比观点，该观点把树干底部比作动物的腹部，把树皮比作动物的皮肤，由此可见其重要性。然而，树干确实是树木最不具有生命力的部分了。我们为什么不抬眼看看树冠呢？它是树木灵活性无上高于人类灵活性的生动体现。我们为什么不赞叹其枝丫在空中勾勒其道路的能力呢？我们为什么不承认在树木身上所展现出的生命原型，即法国哲学家亨利·柏格森（1859—1941）定义为“一种渗入必然性中的自由”的生命原型呢？其如炊烟般袅袅萦绕的轮廓，以优雅弧度弯曲着的树枝，那在空中自由舒展，在我们脚下也同样舒展着的生命轨迹，这一切难道不值得我们赞美吗？也许在研究树木时采取不严格、宽松的态度对我们是有益的，但与此同时，这种态度也会使我们对树木采取一种错误的观察视角，这种视角只会使我们离树木的真颜越来越远。

植物的无限生长取决于植物细胞的全能性，正如离体培养所展示的那样，这一全能性可以使植物忘记其原有状态的“记忆”，分化并形成胚状类似物，即胚状体。自古代起，人们一直试图在植物种子及胚胎中找到成体植物的微形态，就像他们在动物胚胎中发现的微形态一样，然而一直没有成功。但这并没有阻碍法国神学家尼古拉斯·马勒伯朗士（1638—1715）于 1675 年提出的观点，即“所有树在其种子的胚芽中都处于微观形态”，他大概是没有解剖足够多的种子以事先验证其观点吧。动物的未来器官及组织在胚胎中就已大体形成，因此实际上也就停止了功能上的分化生长。而植物的情况则完全不同，它的形态发生是伴随其生命始终的，或者更明确一点说，是在其胚胎发育结束后才开始的。如果胚胎对于动物来说代表了一个微型模型，那么其对于植物而言则只是一个初等原型、一个起点、第一个微变点。泰奥弗拉斯多早就将植物看作是一个难以定义的多变机体，因为“植物各部分的数目一直处于未定状态，既然它可以随处存活，那么它也可以遍地生长延伸”。这一令人赞叹的直觉源自一种诞生于柏拉图文化时期的植物哲学。在这一时期，一切都只是形式和观点，在本体论上，植物没有任何可以被定义的东西，也没有任何被确定的东西。植物的生长只局限于分生组织，这是真正的动态平衡、是“青春永驻”的细胞源源不断地创造中。因此，植物的生长不像动物的生长那样遍及全身各处。

卢西恩·巴约认为，生长的最终性停止之于植物，正如瘫痪之于动物，是死亡的前奏曲。我们将在下一个章节看到，对植物而言，生长停止与失去运动力实际上是一样的。一棵树，即使再老也保持着年轻时桀骜不驯的姿态并不断地开花。这是一个绝佳的关于衰老与年轻的辩证法。植物的这种潜在的不死属性（但常常被某个不好的事打断）的结果是，树木在我们可料想到的某个范围内保持着几项纪录。巨杉的寿命可达 3000 年，树高可超过 100 米，直径为 6～8 米，重量可达 5500 吨。但植物界中还有更古老的物种，生长于美国西南部山脉著名的玛土撒拉树，这一非克隆植物中的长老，在将近 4850 年前就开始守护这个世界。此处就不提及依靠植物克隆技术来繁殖的植物了，它们中的某些植物可以存活数万年。

去个体化

通过植物克隆技术，即通过根蘖、压条枝或生殖根，或脱离母株或不脱离母株，植物可以向周围扩展生长。这是一个反复的过程，这一扩展过程不是由植物的地上部分进行的，而是由其在土壤中的众多延伸中的一个进行的，如一条根或在地面匍匐的茎。人们关于动物克隆的“自我性”问题的争论也许会一直持续下去。然而对植物来说，这一问题会变得更加复杂。因为我们知道，在漆黑的地下，植物的根系网通常是“相互吻合”的，它们会进行无性生殖并将新形成的部分与自己的原有部分相连接，以使自己区别、独立于植物的地上部分，同时它们也会连接真菌的菌丝体以形成一个无限延伸的功能网来运输营养物质、激素、病原体及遗传物质。在一个相互连接得如此紧密的植物联盟里，分得出谁是谁吗？我们还能谈论“个体”吗？我们认为树的地上部分可以体现出其个体性，然而这种对于“一棵树就是一棵树”[1]的坚信不疑，在我们投眼于脚下的那一刻起便消解了。

然而事实上，如果我们真的去研究其地上部分的时候就会发现这一切也并不是那么简单的。对于茎来说，初生分生组织，即芽顶端处的初生组织，可以持续重复产生初期结构功能模型，即植物体节[2]。这些结构模型与动物界中的珊瑚虫极为相似，都有叶、节、节间及腋芽。

这些根据分形原理不断地重复产生的植物体节，反倒促进了芽部组织活动及其芽部细胞多功能性活动。于是，植物在其生长过程中，个体性越来越弱，那些不受顶芽控制的部分试图独立。一株植物，自其诞生之日起，就不再是一个纯粹的个体了（而是一个统一体）。

因此，我们在动物界所观察到的“个体”这一概念，对高等植物是极端不适用的。我们认为树身上所体现出的“存在的统一体”，这个定义得不怎么好的概念，其本身就是一个谜，让人难以看透。古希腊哲学家巴门尼德（约公元前 515—公元前 445）认为“一不能是多”，然而树却是个例外。一棵树构成了一个协

[1] 即一棵树就是一个纯粹的个体。

[2] 植物相邻两节及其节间所构成的一个小单位。

调其组成部分的变化发展，即植物体节整体的变化发展的有生命统一体，然而这些植物体节在运行时却又形成了自己的统一体并试着脱离总统一体的支持，只是从没成功过。就如同生与死共存于树一样，统一性与团体性在树中也是共存的。

从 18 世纪开始，随着植物学的产生，植物的个体性才被看作是一个真正的科学问题。1708 年，物理学家菲利普·德拉伊赫（1640—1718）开始把芽比作种子，把芽的展开比作种子的萌发。1749 年，年轻的植物学家佩尔·劳弗令，林奈的徒弟，发现球茎是一些芽的集合体，可长出新植株，因此他将植物的芽看作是个体。1790 年，哲学家康德（1724—1804）观察到嫁接嵌入到别种植物上的接穗长出了与接穗同种的植物，由此他推断出，植物各个部分是有个体性的。他认为同一棵树上的每一根枝杈、每一片叶子都可以被简单看作是被嫁接或芽接到这棵树上的，也就是说，就像是一棵只为自己存活的树一样，是一个个体。一根长着叶的枝杈可以继续保持一根枝杈的形态，也可以长出多根枝杈，这是极度严密的多元主义的一种表现形式。同样在 1790 年，歌德在其著名的《植物变形记》一书中写道："树枝可等同于芽的联邦，树木本身亦可等同于树枝的联邦，这是一种形态上的连续嵌套，而每个组成部分都拥有一定的自主权。"对他来说，植物体构成了一个"多元集合式存在"。伊拉斯谟斯·达尔文（1731—1802），查尔斯·达尔文的祖父，则在树木身上看到了一连串独立的植物实体，而下个世纪，让－亨利·法布尔在植物体上看到了"一个集

棕榈树

体性存在，一个由共生个体构成的组织”。

植物体与动物群体、昆虫群体或石珊瑚群在个体性与统一性的关系方面的对比差异并不鲜明，这些生物中的大部分在此方面都是相互参照的。

但重要的是，应当同极端的机体主义世界观保持一定的距离，这一观点认为地球本身就像盖亚假说所说的那样，是一个活着的有机体。我们也应当思考昆虫学家皮尔－保罗·格拉塞（1895—1985）的结论，在完成对白蚁30年的研究后，他得出结论：“个体之间的协调配合不取决于其固有的内部因素，而取决于集体所确立的目标。”但是芽集体在植物中能确立什么目标呢？似乎把植物看作一个在生长过程中不断去个体化的生命体更为恰当，其各个组成部分具有潜在的不服从性，试图维护个体独立，实现多元化群体，但这个目标永远都不会达成，它们也永远不会形成一个真正的群体。每个芽在其减弱其他芽影响的同时，它的自主性也随之增强，除了棕榈或像南洋杉这样的古树。但是，尽管芽的自主性增强，它却从未全然自主过。于是我们应当思考劳尔·海因里希·弗兰采说的这句话：“哪怕是植物体上最微小的部分都不会去做，除了有益于植物共同体行为以外的其他行为。”

那么，任何一本书里都不曾谈论的“树的死亡”究竟是什么样的呢？树，这一多元集合体，只有在其各个组成部分接连死去的时候才会死亡，这是一种缓慢的死亡。第一次世界大战期间，法国作家莫里斯·热纳瓦（1890—1980）望着默兹前线被工程兵砍倒的树说："让一棵树死亡是需要很长时间的。"皮埃尔·加斯卡尔也在其《植物王国》一书中怀疑其园内柳树死亡的真实性，因为尽管他已将柳树砍倒，但其根蘖却年复一年地继续生长着。我们还有什么能说的呢？在哪个精确的时刻，一棵树才不得不宣告自己的死亡呢？一棵树，纵使只余一架无叶的残骨徒指天空，其根却仍然深扎于土壤中。我们应当承认，对于植物的死亡，我们几乎是一无所知的，我们也只能从其死亡这一过程中推测出植物的组成是多元化的、模型化的，仅此而已。

第二章 植物的运动

自古代起，人们便已觉察到植物的运动，这没什么可让人吃惊的。公元前 4 世纪，萨索斯岛的安德罗斯提尼、亚历山大大帝的誊写官员，便记载了罗望子的叶子在夜间闭合的现象。古罗马博物学家老普林尼（公元 23—公元 79）观察到，某些植物的叶子的位置会随昼夜更替而变化。

1260 年，德国神学家、博物学家大阿尔伯特描述了某些豆科植物小叶的周期性运动。葡萄牙医生克里斯托瓦尔·阿科斯塔（1515—1594）于 16 世纪成为首位对含羞草叶片闭合现象产生兴趣的人。然而他们的这些观点与见解也只是轻描淡写，如蜻蜓点水一般，似乎并没有使人们重新思考亚里士多德的观点，植物依旧“被”剥夺了运动能力。

植物——机器

文艺复兴时期，科学家们坚定地认为植物运动就是一系列直接的、纯粹的、不受植物控制的机械过程。弗兰西斯·培根、笛卡尔（1596—1650）和尼古拉斯·马勒伯朗士皆认为，狗在被打时发出嚎叫这一行为只可能源于一个简单的“动物机器”反射运动，因此我们可以很容易地设想出其对植物体所持的观点。他们认为植物充其量也就是一个机械毛坯，算不上是“植物机器”，它们的运动也只是真正的反射运动的雏形而已。英国物理学家威廉·吉尔伯特（1544—1603）则在植物运动中发现了与磁化过程中所观察到的极性相似的特性，因此，他认为植物因被太阳磁化而运动。

这种植物运动的机械模式分析法在今天仍具有主流影响力，含羞草的运动模式也经常被优先引用以说明植物的运动性，然而这却导致植物的其他运动形式被忽略。我们能理解，含羞草在那时才刚从美洲大陆引进，其叶子的移动相当能激起观察者的好奇心。在1661年，查理二世（1630—1685）就曾要求皇家学会对这一如此奇异的自然现象做出解释。然而今天，我们难道还应该拘泥于此，在研究植物运动时只盯紧其最为特殊而小众的个例吗？

在19世纪，植物的运动性极大地引起了生物学家们的兴趣，包括那些当时最伟大的生物学家，其中有英国的伊拉斯谟斯·达尔文及其外孙、德国的尤利乌斯·冯·萨克斯和美国的阿萨·格雷（1810—1888），他们终于摆脱了那神圣不可侵犯的含羞草，摆脱了这一单一的研究对象。1796年，扬英格豪斯发现植物在有光的条件下可生成自己的有机物。植物并没有看上去的那样迟钝，人们也开始研究其他形式的植物运动，比如藤本植物在其支撑物上的攀缘运动。伊拉斯谟斯·达尔文就在其1800年出版的《植物学》一书中花了好几页的篇幅来解释植物其他形式的运动。

研究植物运动可以使我们暂时绕开植物的敏感性——这个比植物运动更不客观、更难框定的领域，在当时对该领域研究的一切尝试都被其竖起的利盾直接驳回。研究植物运动不可避免地需要以动物世界为参考。于是，英国医生罗伯特·胡珀（1773—1835）在1797年明确提出："植物叶片及果实部分的运动和动物肌肉的运动很相似，它们是动物机能在植物身上的体现”，由此他为人们接下来的研究提供了概念框架。因此我们推测，自然先是在植物身上做实验，而后植物身上的某些雏形特征在动物身上得到了进一步的发展。基于这一观点，当法布尔写道：“动物的姊妹——植物，有时具有像动物那样自发运动的能力。在某些既有事实的影响下，我们甚至开始质疑植物是不是真的没有敏感性，那种含糊的、无意识的高等动物所固有的敏感性”，我们是可以理解其所思所想的。

植物的运动及痛苦感知

植物静止不动的外表深刻地塑造与影响了我们对它们的看法。“植物”一词本身，正如知识论专家乔治·冈圭朗（1904—1995）所说的，即“将植物固定于土壤并使其受滋养而成活生长的人类行为”。植物与固定性不仅有同样的含义，还经常与“静止性”一词相混淆。在古代，弗朗索瓦·德拉波特也认为，移动的缺失即意味着性行为的缺失，因此长久以来人们都不承认植物有发生性行为的能力。道理很简单：大地是雌性，播种者是雄性。种子从被播种下去的那一刻起就已经蕴含了植物的幼芽，大地则为幼苗提供其生长所必需的营养物质。因此，我们认为植物所不具有的发生性行为的能力就成了植物繁殖过程的那两个参与者的专利。直到 1694 年，随着德国植物学家卡梅拉里乌斯（1665—1721）《关于植物性行为的书信》一书的问世，我们才终于承认了植物有发生性行为的能力。

这种移动的缺失也使我们认为植物比动物更依赖于环境，更擅长从环境中寻找并转化营养物质。实际上，亚里士多德在观察到植物不产生排泄物这一情况后便认为，植物只需要张开嘴吸收所有外界制造的营养物质就可以了。亚里士多德认为，植物的根就是我们所称为动物的“嘴”的相似物，植物通过其根系这一连接它与外界的“中间人”，通过吸收土壤中的营养物质来存活，而其他物种则是自力更生靠自己存活的。即使在今天，我们关于生命体的看法也未必完全摆脱了亚里士多德对植物的这一错误认知的影响。劳尔・海因里希・弗兰采在试图解释植物的固定性时，向这个古老而模糊的亚里士多德学说观点屈服了，于是他在 1905 年写道：“确切地说，植物是沉浸在它的食物中的。”[1]一个被描绘成消极被动、被固定、没有性别及不能靠自己满足自身需要的生命存在，怎么能拥有运动性呢？

然而，同样地，一个不能运动的生命存在又怎么能因被刺激而感受到痛苦呢？这个问题的倾向性很明显，因为这一切正如劳尔・海因里希・弗兰采所表达的那样：“一个既不能对最痛苦的

[1] 即植物的食物就来自外部环境，只需要简单汲取就可以了，像是沉溺于一堆食物中，食物来得如此轻易。

刺激做出反应、也不能对最不利的生存条件做出反应的存在，即使是无知民众也不会把它看作是有生命的存在”。林奈更希望看到一切生命存在受到一种富有创造力的智慧的无形影响，而不是受到其本身自主自发性的无形影响，他坚持着一个隐含式推论："我们可以看到，生命的法则已在每个生命体上留下它的痕迹，即为确保物种繁衍、营养获得与吸收及自卫本能，有 3 种刺激是必不可少的：快感、饥饿及疼痛。”然而若基于此理，既然植物并不通过两性交配来繁衍后代，终日沉浸在它轻易可得的营养物质中，且拥有无限治愈其伤口的能力，那么以上 3 种刺激中的哪一种能刺激、干扰到植物呢？它又为什么会感受到痛苦呢？

让我们想想贡德朗[1]，这一位让·纪奥诺小说中的人物，“其存在是建立在植物和野兽的痛苦之上的”，他不也是突然间发现了生命存在的条件，顿悟了一切？尽管伊拉斯谟斯·达尔文一直倾向于承认植物的敏感性，然而当他发现含羞草的叶子拥有在受伤后闭合的能力时，也不禁大吃一惊并自问道：“这难道不证明了植物也有大脑或一般感觉中枢吗？这难道不证明了其神经可以由此与芽或叶片的某部分进行信息交流吗？某一个使其不适的感觉由此感受点传向各处，使远处某些肌肉活动，就好像我的手指受伤时会缩回手一样。”

通过检验含羞草对烫伤的反应，让－亨利·法布尔观察到，

[1] 该人物在小说中以屠杀野兽及植物来证明其对自然的控制力。

含羞草需要十几个小时来完全修复它被烫伤的叶片，若这一烫伤实验重复好几次的话，即使是一株生长旺盛的植物也会渐渐衰弱死去。他从中发现了含羞草所具有的一种类疼痛感，并指出含羞草也和受伤动物一样，有局部感觉向四周传播扩散的行为。然而与其相反，生物学家丹尼尔·查莫维茨则秉承林奈的观点，认为这种躲避能力是对疼痛感知的固有组成部分，只是对疼痛的被动反应，除此之外此能力不体现任何适应性优势[1]。

含羞草

植物很幸运，因为躲避不是它应对攻击的唯一反应方式，我们接下来将会看到植物是如何积极反抗其捕食者的。那么植物究竟会不会感知疼痛呢？如果它可以感知，那么这种疼痛感与其躲避举动没有任何关系吗？但是当我们投身其中研究此题时，我们自己甚至都不能灵敏地感知来自四肢的痛感，那么我们又如何能想象到植物的痛感呢？如果这种痛感真的存在，那它的本质又是什么呢？

[1] 即这种逃避能力只是一种应对疼痛的被动消极反应而已，因为痛了，所以躲开，并不是植物主动、有计划地想逃避。

难以察觉的缓慢

植物的运动是缓慢进行的，至少用我们的时间观念来衡量是这样的。劳尔·海因里希·弗兰采写道：“植物只会以一种难以察觉的方式生长，其速度不会比浸在含盐溶液里的水晶变化更快。”我们应该把它撇在一边不去管它，过几天或几周再去观察它，并把其形态与之前我们记忆中的形态做对比，这样才能发现其生长运动的事实。

植物的时间性是我们绝对无法理解的，我们也永远都不会看到植物在我们眼皮底下移动。而这也就解释了为什么分析植物运动这一奥秘需要借助一些替代技术，而不是直接用眼睛观察。查尔斯·达尔文对植物运动研究的兴趣在他收到了几套研究设备后就上升到了极点，因为他可以用这些设备“捕获”植物的运动。

他通过植物在玻璃上的投影来观察记录植物的生长运动，而根末梢的生长移动则是用一些烟熏过的玻璃板记录的。由于他那时健康状态不太好，为失眠所困扰，他可以连续几天几夜，每隔几个小时就观察记录植物的情况，最终他完成了对植物茎、叶、卷须甚至是根部轮廓变化的追踪观察。

达尔文在受到尤利乌斯·冯·萨克斯的实验方法启发后，开始使用摄影术来更好地观察植物在“睡眠”状态下的运动。德国植物学家威廉·浦菲弗（1845—1920）在萨克斯的直接影响下[1]，也坚持使用摄影术并拍摄了一系列短片[2]，其中一个短片就揭示了跳舞草[3]叶子的夜间运动现象。尚·柯曼登及其助手，这两位先驱者自20世纪20年代开始，使用图像快进的剪辑方式[4]陆续展示了各种令人惊讶的植物运动，如种子的萌发、藤本植物的生长、花的开放。而今天，有大量纪录片都是通过这种缩时摄影向我们展现植物运动的。那是美妙绝伦的无声芭蕾，是优雅轻盈的滑行，是缤纷颜色的大狂欢，是根系的网状纹路，是幼叶的轻轻颤动……我们正是在赞美如此精美镜头的同时，转念一想，

[1] 威廉·浦菲弗曾担任过萨克斯助手。

[2] 通过早期缩时摄像法拍摄。

[3] 跳舞草两侧的小叶会舞动是因为小叶柄基部的海绵组织对光有敏感反应。

[4] 即缩时摄影。

才意识到植物究竟从我们的感官世界里隐去了其多少姿态呢！

查尔斯·达尔文把藤本植物为寻找支撑物而在其有条不紊的空间探索中进行缓慢螺旋攀缘交错的行为称为“回旋运动”。同他的祖父伊拉斯谟斯·达尔文一样，也同他的第七个孩子弗朗西斯·达尔文一样，达尔文也试图证明植物是有感觉灵魂的，与其说他是对“回旋运动”感兴趣，倒不如说是对“回旋运动”中所体现出来的犹豫，即植物在回旋过程中的可选择空间感兴趣。有大量观察研究为基础和依托，他写了最初的两本关于植物运动性的作品，第一本，即《攀缘植物的运动与习性》，于 1865 年出版，讲述了攀缘植物确定远处支撑物方位的奇特能力；第二本则是在 10 年后出版的《食虫植物》，此书描述了某些食虫植物叶片的运动。

紧接着，他又从更大、更宏观的角度重新分析植物运动这一主题，并于 1880 年出版了更为著名的作品——《植物运动的力量》。

生长抑或静止不动？

我们认为植物是静止不动的，然而它们从未静止不动过。而且更确切地说，植物是为了进行光合作用才运动的。由于植物不能移动，以一成不变的方式面对着周围的一切，因此，植物并不体现腹背性，没有前后的差异。植物，这一光合作用生物，为光所折服、所影响，它根据其第一资源——光的细微变化来调整自己的生命形态。植物的固定性与其运动性是同样必要的。植物的运动和其生长是混为一体的，运动强调的是空间上的探求，但在运动的同时植物也得到了生长。若植物停止运动，它就会死去。

诗人们对此是怎么说的呢？弗朗西斯·蓬热写道："扩张，

是树的唯一运动形式，就像是‘其身体的生长’一样。”而法国剧作家保罗·克洛岱尔（1868—1955）则在每棵树上都发现了一个共同的原始姿态，即“树通过其数目众多且相互分散的枝干，通过其枝干的每一部分，甚至是那脆弱而敏感的叶片组织，在空气、阳光中寻找它的支撑点，而这些枝干不仅构成了树的姿态，也构成了它的首要准则，也是它‘高耸入云’‘直指苍穹’的条件”。[1] 但树的每一个姿态都见证着一种生命的冲力。对诗人及小说家大卫·赫伯特·劳伦斯（1885—1930）而言，树木是从土壤中汲取它的冲力的，他说：“在一种奇异的冲力支持下，树向地下延伸，直到地心深处，在此处，在这黑暗中，在这潮湿而令人窒息的地下，死去的人深陷着，沉沦着；而另一方面，它又转身投向那苍穹的浩瀚深邃中。”

我们一直都很少提及的根的生长运动又指什么呢？根部生长的潜在机制与植物地上部分的生长机制是不同的。在地上，树木的枝丫可以像伸缩天线那样肆意伸展，而在地下，树木根部的细胞伸长却只能在根末端稍靠后的这片区域里进行。末端区域会随着那些被称为“次末端”细胞的生长，不断被推向土壤更深处，此外，根冠的外层细胞可分泌黏液，如此则便利了根末端在土壤中的延伸。且此黏液区域被大量微生物群附着，从而促进了根与土壤微粒进行物质交换。

[1] 即树通过其枝干及枝叶的不断延伸、扩展而变得高大，形成了其固有的形态。

植物学家们认为，植物根系生长自由灵活地辗转于土壤中各种障碍物之间，朝着最有利的、湿度适宜且矿物质丰富的空间环境“进军”，它展现出比植物的地上部分更强的运动灵活性。尽管根部也像树冠一样，有其固定的形态结构模型，但根的缓慢移动轨迹却是不定的，是未知的。

根的运动自由灵活性大得惊人。实验研究显示了植物主根的生长速度在其靠近障碍物时会锐减。一旦发现前方有障碍物，根会在水平方向上进行偏离，绕过障碍物，在更远的地方重回初始的垂直线路。法布尔认为，我们可以从这样的运动中窥出“昆虫和动物的大致雏形”[1]。

查尔斯·达尔文也对植物根部末端这种能根据外部刺激来调整其生长方向的能力相当着迷，与水、氧气、营养物质的吸引相比，植物的根优先选择绕开物理和化学障碍物，避开光及顺应重力的方向进行运动。在他眼中，这是一种抉择，是面对多样而杂乱的刺激时所做出的一种妥协，是一种先读懂而后融入地下世界的能力。但他同样也在其作品的最后几行表达了他的困惑：“我们不可能不对植物运动与低等动物的很多行为之间的相似性感到惊讶。我们认为，从功能角度来讲，植物身上不存在比它的根部末端更令人赞叹的结构了。我们几乎可以毫不夸张地断定，被赋予且拥有领导其相邻部分运动能力的根部末端，就像某个最低等

[1] 即昆虫和其他动物的某些运动与植物根部的这种运动有相似性。

动物的大脑一样运转，这个大脑位于身体的前面，可以收集感觉器官所传来的感觉信息并指导躯体做出运动。”有些人细细品味这些句子时，发现了根部行为所体现的植物智能就像是一个集合了众多数据分析中心的计算机网络智能一样。这个类比是很诱人的，然而其具体论证尚需时日。

植物世界所特有的生长运动，有时在外界刺激引导下发生，常常表现为弯曲反应。向性[1]代表了那些根据环境的各向异性[2]所做出的方向性运动。向性会使植物的某些器官（如根、茎、花或果）根据光源、热源或重力的方向定向生长或运动。向性可被分为向光性、向热性和向地性，这些向性根据植物的根本需求来确定植物的朝向，并导致不均等生长的植物器官由一侧向另一侧发生连续的不可逆的弯曲。

---

[1] 源自希腊语“trepein”，意为“转弯”。

[2] 与各向同性相反，指物体的全部或部分物理、化学等性质随方向的不同而有所变化的特性。

食虫植物在行动

植物学家马歇尔·达利把这些向性视为植物对环境做出反应的形式，视为是对动物的能动性[1]的替代。动物似乎又一次被用作参照了……总之，我们脑子里想的全是像树那么高大的食虫草，它们伸展着那如同触手一般的树枝，有时我们还听说棕榈可以依靠它的支持根[2]进行移动。

然而，我们的想象总喜欢和我们的初始观察唱反调。

我们难道不应该感到吃惊吗？最先引起研究者注意的运动不

---

[1] 即对外界或内部的刺激或影响做出的反应或回答。

[2] 支持根从树的主干长出，悬垂向下再深入软泥中，而支持根本身还在分支成更多的支持根，最后形成连续向四周延伸的根盘。

是向性运动而是能让人直接联想到动物世界的运动，说到底，就是那些最容易观察的运动。这也许就是查尔斯·达尔文起初先对食虫植物产生兴趣的原因。某些食虫植物生长在萨塞克斯郡[1]酸性且氮、磷缺失的贫瘠土壤中，于是它们想出了计策来抓住昆虫这些不可多得的营养品。它先从茅膏菜属植物叶片的敏感性入手，该植物的叶片内侧布满了数以百计的可以分泌黏液的腺毛。它发现，这种植物可以辨别生物和非生物，并可对我们皮肤所察觉不到的细微压力触动做出反应。一旦有不幸的猎物落网，它们就会合上叶片，猎物越挣扎会被致命的腺毛粘得越紧。由于缺乏神经系统，这种植物究竟具有什么样与神经系统旗鼓相当的系统才能使自己有如此强的敏感性呢？而且，似乎这种植物中也存在着与动物肌肉功能相似的等价器官组织。

于是达尔文就向伦敦大学生理学教授——约翰·伯登－山德森（1828—1905）寻求帮助，以破解食虫植物之谜。山德森在捕蝇草的叶片上放置了电极装置。在此先介绍一下捕蝇草，其原产于美国东部的泥炭沼，英国在北开罗莱纳州[2]殖民地总督。捕蝇草的最早记录可追溯到1760年，阿瑟·多布斯[3]发现了这种植物并将其看作植物世界里真正的奇迹，而达尔文则把

---

[1] 英格兰东南部的历史郡。

[2] 位于美国。

[3] 阿瑟·多布斯（1689—1765）于1754—1764年间担任英国北开罗莱纳州（美）殖民地总督。

它视为最奇特的植物之一。对于捕蝇草来说，其每个叶片的两个瓣片都以中央叶脉为轴，就好像是围绕着合叶运转的捕兽器的两个钳口一样。这是植物界最迅速的主动出击性运动之一。只需1/10秒的时间，腺毛就合拢交错，形成笼子的栅栏，只有体型极小的一只小虫才能挣脱出去。

捕蝇草

紧接着，如果腺毛继续维持合拢状态，叶子就会再次闭合，虫子就会被固定住，无法动弹。昆虫在挣扎、排泄出有机化合物的同时，也会刺激叶片分泌出一种消化液，于是昆虫的蛋白质就会慢慢地被消化液水解。

至于约翰·比尔登－山德森的实验，他触摸了众多叶片中的一片上的两根敏感性腺毛，然后观察到一种电波在叶片上传递，随之而来的则是去极化过程[1]。实际上，只有当已被困在叶子上的昆虫在20秒内发生移动并由此激活至少两根腺毛时，叶子才会闭合。这样，植物就可以仅在捕捉到活体猎物时才消耗能量进

[1] 即细胞的膜电位向膜内负值减小的变化。

行叶片闭合。

其实早在1个世纪之前，林奈就已经对同样的植物进行了研究，并对其观察结果感到惊讶。但囿于其对生物根深蒂固的等级观念，他无法承认植物捕捉并消化了昆虫，他认为叶片的再闭合是巧合使然，或认为那些猎物之所以自愿被关在它们叶片的囚笼中，是因为有一个意想不到的理由使它们不愿从中挣脱出来。

反射运动

另一个例子同样也很惊人，这个例子在本章节已被提到过多次，那就是含羞草的例子。在 17 世纪中叶，含羞草这种植物珍品已遍及欧洲各个植物温室，且被广泛种植。让－亨利·法布尔细致地描述了含羞草的一片小叶被手指触碰时所做出的令人意想不到的反应："那片小叶在被触碰后立即倾斜着竖起，它对侧的小叶也同样倾斜着竖起，它们各自的上表面相对着贴合在一起，最终在位于叶柄所在水平面的上方静止。"

"这种人为的刺激向远处传去。第二对小叶像第一对那样运动，第三对也一样，然后是第四对、第五对，因此，渐渐地，每对小叶一对接一对，按着连续的顺序做着上述运动，最终所有的小叶都竖起来了，并且一对压在与其相邻的另一对上面。”如果我们接连刺激这片叶子好几次，它就会一直闭合至少 15 分钟再重新张开，它似乎是累了。然而，让·马克·德鲁因认为：“这种疲惫，如若不是隐喻，则体现了敏感性的一种形式。”也许这种长久闭合不反应只是因为含羞草做出反应所必需的能量源暂时不足，他反对因此就认为植物也会“疲惫”。

含羞草叶子闭合的过程与捕蝇草叶子闭合的过程相似，因为引发这种叶片运动的信号在本质上同样都是电信号。其中的机制很简单，但仍需做出一点解释。钙离子的释放会产生一个电信号，此电信号会在叶片上传导，并使机械敏感性离子通道遍及各处。接着它会作用于植物的叶枕处，使之收缩，由此导致了植物叶片的闭合。当叶枕处细胞吸水膨胀时，它们会使小叶保持开放状态，而一旦电信号经过导致水流失到胞外时，小叶就会闭合。这一过程只需要 1 秒钟即可完成。

然而我们仍旧无法判断这一观察到的电信号究竟是叶枕反应的直接导火索呢，还是仅仅是另一种尚未被确认的传导方式的产物呢？也许这种未知的传导方式才是真正的导火索。我们能为一个运动赋予什么意义呢？单纯地把它看作面对昆虫捕食者时的自卫机制倒是很不错，然而事实上，这一在含羞草身上体现得尤为明显的叶片运动所带来的生物利益依旧是神秘未知的，是一个谜。

更神秘的是跳舞草，它的叶片会在没有明显刺激的情况下运动。印度的农民们说跳舞草会使它的叶子像蛇那样舞动。每片跳舞草叶子都由3片大小不等的小叶组成，中间的小叶会随着日照的变化竖起而后又垂下。关于这一点，让我们再来看看让－亨利·法布尔是如何描述的："乌云来了，投下一片阴影，中央小叶下垂；阳光又现，一切重归安详，中央小叶竖起。它对光的影响与作用是如此的敏感，以至于它在一天中无时无刻不改变着方向，或竖起或下垂，随着空气中光的强弱而变化。"《花的智慧》一书的作者，莫里斯·梅特林克亦为这一现象感到兴奋，他认为这些叶子是真正的光度计。细胞发现者亨利·杜托息（1776—1847）也曾苦苦思索研究过这一问题，然而他最终放弃了，他感慨道："这种自发性摆动的内在原因与其激发过程实在是颇为神秘，它似乎是取决于生命本身的缘由。"

矢车菊

洋蓟

的确，即使在今天，这一运动现象仍旧是个未解之谜。

于是，那些反射运动或“感性”运动[1]在通常情况下是可逆的，它们早已扎根于我们先辈的认知中，被广为讨论，然而真正被列入科学范畴讨论却是很多年之后的事了。这些运动由一个在空间中非定向性的信号所引发产生，因此这些运动也是非定向、非聚焦性的，它们独立于植物的生长运动[2]。植物的传粉行为则为这一运动提供了大量的绝佳例证，因为刺檗、洋蓟、菊苣、矢车菊、蓝矢车菊、马齿苋及很多其他植物的雄蕊的花丝，一旦有采蜜昆虫停留时，就会向花心合拢倒去。花丝内侧的乳头状感应结构实际上确保了雄蕊即使是对最微小的刺激也会反应并斜着倒去，这就是“感触性”。光对植物的影响也是相似的，即“感光性”，那些早上开放、晚上闭合的花就体现了这一感性运动。而我们客厅花瓶里那些随着温度上升而微微开放的郁金香则让我们见证了植物的“感热性”。

由于感性运动和植物组织的膨压变化有关，因此它们只是影响了个别器官，而向性弯曲运动则是在空间上持续地对整个植物体的朝向及生长发展产生影响。

---

[1] 源于希腊词“nastos”，意为“被挤压”“被按压”。

[2] 不同于向性运动，向性运动是由定向刺激导致的且是生长运动。

一个神经冲动？

对动物而言，运动是对由以大脑和脊髓为代表的中枢神经系统所控制的神经冲动的传导做出的应答。一个调动肌肉系统而进行的运动反应，先是被刺激产生，紧接着就以运动的形式表现了出来。英国生理学家钱德拉·鲍斯在1900年证明了导致含羞草小叶闭合的信号本质是电信号，由此他认为植物亦存在与动物神经冲动相似的反应并提出了“植物神经”一词。

动物世界和植物世界存在着什么共同之处吗？植物细胞处于静息状态时，其细胞膜亦处于初始被极化[1]状态，细胞内电

[1] 即细胞两侧呈静息电位，细胞跨膜电位为内负外正。

势低于细胞外电势。导致叶片闭合的电信号传导时，细胞内电势会上升。该电势在短时间内上升后又会下降，并低于其在静息状态下的初始值，接着细胞会恢复到原状态。在植物智能方向上颇有建树的苏格兰生物学家安东尼·特鲁瓦斯认为，这一过程是一个与动物神经系统类似的协调系统作用的结果。植物细胞的去极化与钙离子进入细胞（有时是氯离子排出细胞）有关，而对于动物细胞，我们则观察到了细胞对钠离子的吸收。诚然，差异是微乎其微的，但这种信号在植物细胞中的传导与在动物神经元中的传导的相似性似乎并不足以使我们从中看出植物所具有的智能。

由于植物没有神经，因此电信号是在韧皮部中传导的，韧皮部可以运输树液，同时它也是细胞通过原生质丝进行物质交换、信息交流的场所。原生质丝是一种位于细胞壁上的孔道，它可以使细胞间进行有选择的交流。2000 年，生物学家沃尔科夫做出了一个假设："韧皮部是电的导体，可以传导远处的生物电化学脉冲；韧皮部的结构与神经元轴突的结构一样，都可被看作是充满了电解质溶液的渠道。"这使人联想到神经纤维在细胞膜中传导，而蛋白质、核酸及小分子物质也同样是通过细胞膜来进行由一个细胞到另一个细胞移动的。

此外，我们还在原生质丝周围观察到了谷氨酸感受器，谷氨酸是动物的一种神经递质，但它对植物来说并不是唯一的，因为植物组织上也同样有多巴胺和血清素[1]。然而植物体内电脉冲的传播速度比动物体内神经冲动传播速度慢得多，前者每秒仅能传播5厘米，而后者每秒可传播几十米。但是还是要当心，千万别再一次掉入我们那难以控制的“动物中心主义”陷阱啊。

这种通过在植物身上发现动物神经系统等同物而进行类比的研究方法，并不一定能使我们对植物世界的认识和理解更进一步。就像乔治·冈圭朗所说的那样：“我们不应该忘记这一点：重要的是着眼于运动的目的所在，而不是它属于哪一种机械表现类型[2]。”总之，如果把植物的生长运动视为一种对随处可见的、无时无刻不存在着的刺激的应答，并由此认为这一生长运动不具有智慧性，而只是一种单纯的被动反应，这可是一种很冒失的认知。这难道不是一种以分析法为基础的科学研究方法的错误表现吗？这种科学分析法使我们隐约觉得可以通过类比分析来得到概括性的结论，然而实际上我们并不能得到。让我们回想一下克洛德·贝尔纳的犹豫和疑惑吧，连这个拥护此种分析研究法的人也同样预感到，这种研究方法所得的结论会与生命体的实际、真实表现极其不相符。

[1] 多巴胺和血清素均为神经递质。

[2] 即要明晰运动的真正目的，而不是只关注其运动形式与动物相似与否。

第三章

植物的敏感性

根据亚里士多德学说的观点，植物是没有任何敏感性的，然而人们从 17 世纪就开始质疑这一观点了。英国植物学家托马斯·布朗（1605—1682）再次引用泰奥弗拉斯多的观察结果作为例证。他观察到，植物的幼芽总是朝着太阳的方向生长，这一观察结果看似平常，却证明了植物是可以对外部刺激产生反应的。亨利·杜托息也认为植物具有很特别的对光进行反应的内在能力。他支持伊拉斯谟斯·达尔文的观点。达尔文曾自问自答道："植物有感觉吗？当然有了，因为它们会在阴冷、潮湿的夜里合上花瓣，由此可见它们可以感知冷热、干湿及明暗的变化。"他的孙子查尔斯·达尔文在研究植物运动时也对植物敏感性这一问题产生了兴趣。

自此以后，植物敏感性的神秘之门开了一条缝隙，引得人们争相研究，各类研究层出不穷，然而真正取得突破性进展还是从十几年前才开始的。

有几本专门讨论研究这一问题的综合性著作。比如，劳尔·海因里希·弗兰采在其 1905 年出版的《植物的感觉》一书中重新引用了伊拉斯谟斯·达尔文的观点，并大胆问道："我们难道不能认为植物的感知在某种程度上正是人类感知的第一阶段吗？"彼得·汤普金斯和克里斯托弗·伯德在他们共同撰写的《植物的秘密生命》（1973 年出版）一书中引用了一些科学性遭人质疑的实验，并由此反复推敲得到"植物有灵魂"这一结论。随着对神秘的"巴克斯特效应"的引用，这本书的欺诈性及伪科学性发挥到了极致。根据"巴克斯特效应"，植物可以感知到人的想法，几年前还有一本特异功能学杂志专门报道过这一奇异现象。幸好之后又有了其他比较严肃且数据信息更翔实的综合性著作，特别是安托尼·勒特龙谢在 1997 年出版的《植物的敏感性》，丹尼尔·查莫维茨的《植物知道生命的答案》（2012 年出版），以及斯特凡诺·曼库索与阿历珊德拉·维欧拉的《植物比你想的更聪明：植物智能的探索之旅》（2013 年出版）。

植物是环境的感应器吗?

植物体最独有的特征之一就是它与外部环境广泛建立的联系，特别是接收有生命体或无生命体发出的信号的能力。因为植物扎根固定于土壤中，不能逃脱，又不得不长期面对其周围环境最细微、最难以察觉的变化，如果它不持续调整自身以适应环境的话，那么其生存的可能性几乎为零。模块化及极度多枝化的结构赋予了高等植物极大的与外界联系的表面积和细致入微地探索其地上及地下环境的潜在能力。植物的地上部分与大气持续的气体交换是在含叶绿体细胞的细胞壁间进行的[1]。除此之外，瑞士

[1] 此处不是指气孔而是指各个进行光合作用的细胞间层层递进的气体交换，该过程的终端才是气孔所进行的气体交换。

植物学家查尔斯·博内（1720—1793）还认为，每个植物细胞的细胞质都可以感受到刺激，尽管这种感应是“微乎其微”的。这种细胞质总会敏感地受到内、外刺激的影响，但同时它也可以放大自己所接收到的信号，并由此确保该信号可以向其他感受器传导。

由于植物体的所有细胞都是敏感的，因此，植物体本身也是一个敏感的存在。植物体，这一歌德口中的“多元集合式的存在”，在敏感性方面也理所当然地体现出了一种“多元集合式的敏感性”。

但这并不妨碍植物体的某些组织“专攻于”对某些特殊信号的感知，并且针对这种功能需求进行自身的组织分化。因此，就像安托尼·勒特龙谢所说的那样，谈论植物的“感觉器官”是合理的[1]。然而谈论这一词的前提是，不要认为植物有心理学术语意义上的感知能力，因为心理学意义上的感知能力假定了一个初级意识状态，而这会将植物的这种感知与“感觉[2]”同化。因此，在这里把植物的感知看作“敏感性”而不是“感官”是比较明智的。

---

[1] 因为某些植物组织针对其特殊感知功能进行了组织分化，所以此处讨论“器官”是合理的。

[2] 感觉是感官、脑的相应部位和介于其间的神经三部分所联成的分析器统一活动的结果；无机界没有感觉，只有跟感觉类似的特性，即单纯的物理或化学反应；随着生命出现，产生了生物反应模式，即刺激感应性；刺激感应性已包括感觉的萌芽；正是在刺激感应性基础上发展起来的感觉。

由是，就让我们把植物具有的或组成植物整体的那些基本个体具有的感知外部环境的特征，并把它所感知到的环境特征转化为电信号的形式，之后再通过一系列的分子反应形成反射以对该信号做出应答的能力称为“植物的敏感性”吧，尽管在这种敏感性下做出的反射与植物的生物活动相比是如此的微不足道。既然植物的所有组成部分都对外界环境的存在进行灵敏的感知，那么在此处讨论植物对世界的“灵敏认知”也许是明智的。也就是在这个意义上，植物学家丹尼尔·查莫维茨将他的一本书命名为《植物知道什么》[1]。

因此，植物对外部环境有某种直接认知，但如果只根据中世纪谚语“敏感性是虚妄的，由是，理解力是虚妄的”就“三段论”式地否认植物这种基于敏感性而进行的直接认知所体现出的植物先智性，这实在是很不可理喻的行为。同样，在敏感性与意识间武断地寻求逻辑联系也是相当鲁莽的。

当然，正是由于植物运动性的缺乏，哲学家们认为植物意识是不存在的。继亨利·柏格森之后，让·马克·德鲁因如此自问道：“一个从表面看上去没有任何运动可能性的机体是如何体现出一种意识形式的呢？”然而实际上，植物是可以运动的。但是，把敏感性和运动拼在一起并不能形成意识。也许我们应当承认，正如黑格尔所说的那样，植物体中存在“最初等级的自我存

[1] 此处为与原文语境契合而直译，中文版本正式题目为《植物知道生命的答案》。

在、自我反思”，而这也是一个生命存在能够独立自主地进行自我决断所需要的满足条件，而这也就意味着植物体中有第一层面的意识[1]存在。

至少，对于敏感的植物来说，在其空间环境中确定自己的位置是很重要的。由于植物生长在一个受万有引力影响而围绕着一个发光天体旋转的星球上，因此这种定位首先是根据重力及太阳光的方位进行的。植物的根系及地上部分的生长深受这两个“吸引场”的影响，并分别以这两个“吸引场”为焦点，朝向其生长。然而，如果说“吸引场”的方位是固定不变的话，那么“光吸引场”则在不断进行着重新定位、改变其方位，因此植物不得不在这“确定方向”与“不定方向”之间妥协，调整自身以保持“直立[2]”状态。这一点要以植物对于自身的敏感性，或者说是本体感觉[3]为前提，这种敏感性可以使植物了解其自身机体的活动、活动姿态及在该活动中做出的运动[4]。

[1] 意识是人的神经反应，当人出生时意识就与生命同在，是一种自我感受、自我存在感与对外界感受的综合体现，意识的基础是个体具有自我意识与对自身认知能力、对自身行使能力的认可的综合。

[2] 否则，若根不断向下延伸，而地上部分随阳光方向而改变朝向，植物就无法保持单一状态，也无法保持直立，一定会弯曲。

[3] 本体感觉，又称为肌肉运动知觉，是一种对肌肉各个部分的动作或者一连串动作所产生的触觉，称为“自我知觉”。

[4] 即植物了解其自身生长的朝向性，知道自己受两个“吸引场”吸引并由此做出了调整，这也体现了植物的一种自我认知、自我反思的能力，从而印证了上一段的“植物体中有第一层面的意识”这一观点。

保持直立

人们说植物是具有“重力感知性”的，也就是说植物可以感知到重力，因此它也可以感知到垂直度。1758年，法国植物学家亨利·路易·杜默·德·孟梭（1700—1782）在他的《树木形体论》一书中揭示了这一现象：如果我们把一个盆生植物翻转放置，该植物具有使其根系重新朝下（即朝地面）生长的能力。后来，达尔文又证明了植物的重力感知存在于根尖部分。植物的这种重力感知是通过一种可移动的淀粉粒，即名为“耳石”（法语“statolithe”）的物质来保证进行的，这种物质也决定了根部可感知重力部分的位置。这些耳石就像钓鱼线上的铅锤一样，在重力的作用下可以自由移动，改变其位置。那些含有耳石的细胞是真正意义上的已分化的感觉细胞，称为“平衡细胞”。如果我们改变植物的位置，这些淀粉粒就会根据重力的方向重新定位，坠落到细胞的底部并通过发射去极化波来告知植物其方向的变化。对于人类而言，重力感知是由一种位于内耳前庭的叫做“耳石”的碳酸钙盐结晶控制的。它们会随着重力的变化发生位移[1]，刺激感觉纤毛，再由这些纤毛向我们的大脑发射电信号。而植物的“耳石”，这一重力感知机制的补充作用部分，对我们来说仍是未知的。

正是植物的耳石与细胞膜（即细胞质最外围的部分）之间的联系交流导致了信息的传递。这一信息传递会影响生长素[2]的生成与分布，从而导致植物体可控制自身垂直度的组织部分发生弯曲。对于植物的地上部分，生长素的高度集中导致地上部分的局部细胞数目大量增加，使得植株向上弯曲。而在植物的根部，生长素反倒抑制了细胞的增长繁殖，导致根部朝地下生长[3]。由于

---

[1] 半规管系感主要是感知旋转动作，而耳石器官则是感知定向加速度。我们每边各有两个耳石器官，一个称作椭圆囊，另一个称作球状囊。椭圆囊与水平直线加速度有关，球状囊与垂直加速度有关，均属于静态平衡。在耳石膜中的耳石晶体附着在胶质覆膜上，比周围组织重，因此在定向加速度时会发生位移，导致毛细胞的纤毛束转向，产生感觉信号。重力属于定向加速度的一种。

[2] 生长素对植物生长有促进作用，但若浓度过高则也会抑制植物生长。此处由于生长素分布不均，不同部位浓度不同，由此导致植物体某部分不同侧向生长速度产生差异，发生弯曲。

[3] 茎的背地生长和根的向地生长是由地球引力引起的。地球引力导致生长素分布得不均匀，在茎的近地侧分布多，背地侧分布少。由于茎的生长素最适浓度很高，茎的近地侧生长素多一些对其有促进作用，所以近地侧生长快于背地侧，保持茎的向上生长；对根而言，由于根的生长素最适浓度很低，近地侧多一些反而对根细胞的生长具有抑制作用，所以近地侧生长就比背地侧生长慢，保持根的向地性生长。

植物的侧根对重力的敏感性弱于主根，因此主根需遵循根部垂直向下生长的准则，而侧根则可以更自由灵活地生长，四处“勘探”下部地层。附生兰充分体现了这一规律，由于其缺乏重力感知系统，因此可以把根伸向四面八方。

我们每个人都曾观察过植物叶子恢复它们初始位置的能力，比如攀缘植物在被绑缚之后所做出的反应。夏勒·博内在其于1754年出版的《论叶的作用》一书中讲述了他是如何在好几种不同的植物身上发现了相似的翻转现象，那些被压制的叶片一直在乐此不疲地重新确定方位。短短几天内，所有叶子都恢复到了它们的习惯姿态，让上表面朝向太阳。博内和泰奥弗拉斯多一样错误地认为叶的上表面的首要功能是吸收露水蒸发的水分，而叶的朝向也是为了满足此功能的需要。无论如何，僵硬的细胞壁导致了植物细胞在外力作用下只能保持一种被动扭曲的姿态，而植物细胞居然表现出对这种扭曲姿态的厌恶倾向，故而挣扎着恢复原态，这着实很引人注目。另外，这种厌恶倾向在这里也是另一种执拗的扭曲了[1]。

树木似乎遵守了“保持直立”这一强制性命令。树木生长在一个充满了不规则、不确定外力因素影响的环境中，并且随着其枝干不断地向外扩展延伸，其负重也会不断加大，保持直立成为树木的一项艰巨而持久的挑战。而这其中由于树木的材质很坚

[1] 因为植物的叶子并没有顺着绑缚方向生长，而是不和谐地恢复了原来的方向。

固，这就成为它的一大优势。木，需要兼具柔韧性与反应灵活性，又要很重实，因此才可以对抗暴风雨。在有外力刺激时，正是这种“反应木”[1]，即应力木，兼具了以上几个特征，通过加大其在树木弯曲部分凹处的密度，使得树木保持直立状态。

应力木处的纤维比例较高，这些纤维就像一条条微小的稳索一样稳住了树木。还有一种应力木作用于弯曲处的上表面，叫作“应拉木”。应力木确保了树木的“机械敏感性”功能，因此，树的木质材料可以使树察觉到其在向性或外部压力作用下自身产生的弯曲，并且通过调整其自身形态来回应这些刺激的影响。但是树所感受到的那种机械信号在树中进行内部转录的机制尚未被人们所了解。然而，我们也只能假设，此种传导又是“耳石”介入发挥作用的结果。

[1] 一种解剖构造特征明显不同于正常木材的木材组织。通常出现在倾斜的或弯曲的树干和树枝内，系树木生长过程中受外力或重力的影响而形成的特殊组织，以期使倾斜部分恢复到原来挺直位置的自然状态。在针叶树材中，应力木形成于倾斜、弯曲树干或树枝的下方，称为应压木；在阔叶树材中，应力木产生于倾斜、弯曲树干或树枝的上方，称为应拉木。

植物的感光性

植物体需要吸收光能，因此它本身也被这种倾向性塑造、影响着。从叶的喜光性和根的厌光性[1]中我们可以看出，植物体对光是相当敏感的。它的固定静止，它的运动，它的无限生长，它的多元集合式结构特点，它的轴对称的趋势及叶子的朝向，全都是为了满足同一种渴求，即对光的渴求。植物可以通过叶绿体中的光感受器感知光的强度、光的不同成分及光谱的构成，因此也同样可以感知其附近物体的反射光随时间而发生的变化。据生物学家斯特凡诺·曼库索所说："这些光感受器就

[1] 根会背光生长。

像是细胞在受阳光照射最强烈的细胞壁附近所拥有的远视眼睛一样。”相较而言植物有 11 种光感受器，而人的视网膜上却只有 4 种（有可以区分明暗的视紫红质，还有 3 种视锥感光色素，可以分辨红色、绿色及蓝紫色）。所以植物生长的关键其实是取决于一种光形态发生[1]，这种光形态发生使那些对光相当敏感的色素参与其中并发挥作用，导致植物生长发展中的基因表达发生变化。光敏色素可以感知红光，隐花色素和 NPH1 受体可以感知蓝光。

丹尼尔·查莫维茨在他的《植物知道生命的答案》一书中大胆地做出了一个颇具“动物中心主义”色彩但又能真正给人启发的断言，他说：“试想一下，植物也许正看着您呢。”基于植物对光的敏感性，它们实际上可以检测出我们的衣服、皮肤、头发所反射出的光波的长度。虽然它们并不知道我们心中所想，从严格意义上来说它们也看不见我们，但它们可以通过对光的分析来判断我们是否存在于其周围。但同样，这并不意味着它们能判断出我们在空间中的具体位置，它们只能判断出我们存在与否而已。一株玉米可以检测出距离它 3 米以内甚至更远范围内的其他植物体的存在。因此，当它检测出自己周围的植物体后，会尽可能长

[1] 指光强、光质、光照时间和光的空间分布影响植物形态发生的现象或过程，又可称为光形态建成。光在光形态发生中起的是信号作用，与在光合作用中所起的能源作用不同。光引起的形态变化，与光合产物的数量无关；需光种子在有光时才萌发，此时并不进行光合作用。

玉米

高一点，由此来避开那些已经被它的植物邻居们征用了的空间，这也是一种被动向光性的形式（没办法主动争取，只能被动适应）。植物会吸收红光和远红光中的光辐射，因此植物在被它们的植物邻居们感知到时会被看作争夺光辐射的物体。于是我们可以假设，植物有进行自我感知的能力，但仅仅存在于叶与叶间的相互感知。这种能力会随着冬天的到来、叶子的坠落而消失，而恢复则要等到新叶长出。

运动功能缺失所导致的另一结果是：尽管植物对光很敏感，但是它没办法勾勒出空间的轮廓。空间充其量是以一种包络线的形式呈现在植物面前的，包络线[1]与曲线族[2]的不同交点之间彼此间隔，不是真正意义上的接近，也不是真正意义上的疏远。简言之，不近也不远。

法国哲学家莫里斯·梅洛-庞蒂（1908—1961）心存疑惑："如果眼部不能运动，那么视觉究竟会是什么样的呢？"植物简单的生长运动并不能弥补这种"眼部运动"的缺失，那么植物如何才能感知三维空间呢？如何才能获得哪怕是初级的空间感知呢？甚至是同一棵树上的树叶，同每片树叶中的叶绿体一样不计其数的空间感知，它又是如何获得的呢？[3]若感知器官无法移动，它又是如何能感知那些物体，那些生命存在的体积、距离、外貌形状和位置的呢？空间敏感性和运动功能可是紧密相连的。然而，莫里斯·梅洛-庞蒂又补充道："存在，即对自身位置的确定。"植物所感知到的空间是没有深度的，就像是投射在它身上一样[4]，因此它的存在方式，即在该空间中的自我定位方式和我们的存在方式本质上是不同的。但由于植物不必在像我们所感知到的这样的空间环境里定位，因此植物现

---

[1] 在几何学中，某个曲线族的包络线，跟该曲线族的每条线都有至少一点相切的一条曲线。

[2] 曲线族即一些曲线的无穷集，它们之间有一些特定的关系。

[3] 每棵树上的每片树叶的每个叶绿体都有自己的空间感知，因此整株植物的空间感知也应是不计其数的、多元化的。这种每个叶绿体都有的空间感知看上去比三维空间感知、初级空间感知更简单易得些。

[4] 因为植物是靠感知周围环境中的物体反射的光来感知空间环境的，所以空间就好像投射在它身上一样，又因为反射是二维的，所以没有深度。

有的这种空间感知方式已经足够满足其自身需求了。

查尔斯·达尔文是最早对植物的光敏感性产生兴趣的人之一。他对研究植物向光性很感兴趣。植物向光性是植物的一种根据光刺激来调整其生长方向的能力。植物体本身会向光的来源处倾斜，尽管这种光源很微弱，它们依然可以感受到，尤利乌斯·冯·萨克斯[1]在1864年就已通过植物对蓝光辐射的敏感性观察到了这一点。在三儿子弗朗西斯·达尔文的帮助下，查尔斯·达尔文发现，金丝雀虉草胚芽中的感光部分位于“胚芽鞘”的顶端，由这一部分萌发出这种禾本植物的第一片叶子。这一感光部分向植物体传达信息，使得萌发出的幼芽沿着阳光的方向向下倾斜了几毫米。查尔斯·达尔文认为这一向光性行为是植物体内部某种未知物质转导作用的结果。这一物质于1927年被弗里茨·沃尔莫特·温特（1863—1932）鉴定为吲哚乙酸（IAA），并被命名为生长素（源自希腊文“auxein”，有“生长”之意），第一种植物激素由此诞生。导致幼芽弯曲的机制相对简单：生长素在植物的背光侧积累，背光侧生长伸长较快，导致植物向光弯曲。

20世纪后半叶，人们又发现了光敏素，这种受光体可以测量出红光的日吸收量并使植物发生光周期现象。日照长度，或者更确切地说，黑暗的持续时间，控制着植物开花。因此，在我们

[1] 尤利乌斯·冯·萨克斯（1832—1897），德国植物学家。

这一带，春天开花的植物就是所谓的“短日照植物”，夏天开花的植物就是所谓的“长日照植物”。如果一个花农想让菊花在诸圣节[1]那天开花，那么他只需在温室大棚里装设人工夜间照明装置，减少植物处于黑暗中的时间就可以了。一方面，菊花是短日照植物，只有当夜的长度大于或等于10小时的时候才会开花，而夏末的夜长刚好符合这一时间要求；另一方面，花需要经过10～11周的时间才能完全发育好，具备开放的条件。因此，只需在8月20日左右停止夜间照明，利用夏末的天然夜长刺激植物开花，再经过几个月的花形成阶段，植物就可以刚好在11月1日开花了。

---

[1] 诸圣节亦称“诸圣瞻礼”，是天主教和东正教节日之一，相当于中国的清明节，日期为每年11月1日，法国全国放假一天。

植物的触觉敏感性

对机械刺激的感知是生命体所固有的能力。生命体可以通过触觉来预测判断某一物体与自身的直接接近程度，从触觉的这一功能来看，它似乎是一种很基本的感官。人有多种触觉感受器，如环层小体、球状小体及触觉小体，然而我们从植物身上却没有发现任何等同的感受器。但这并不妨碍植物这一固定不动的生命体对最细微的触觉刺激做出反应。学者们先是对"感触性"植物所表现出的最蔚为壮观的触觉可逆反应产生了兴趣，这些植物的触觉敏感度可以和动物的触觉敏感度相媲美。茅膏菜属植物可以察觉出可移动物体的存在，哪怕这个物体只有 1 微克重。既然这种敏感性可以使食虫植物察觉到它们的猎物的存在，那么从更普遍的意义上来讲，它也同样可以使整个植物界的植物体察觉到它们叶子上食叶害虫的不期而至，以及花上传粉昆虫的降临。同样地，基于这种敏感性，根可以巧妙地避开障碍物，潜入土壤微粒中，藤本植物可以围绕着其支撑物缠绕。最终，这种敏感性还使得植物可以调整其形态建成来应对风、雨、雪等气候环境所带来的影响。

生命体必然敏感于触觉刺激（这种刺激往往伴随着威胁）。植物尤其是这样，只要自身生长运动有所需要，它们就会毫不犹豫地发生弯曲。1960 年，弗兰克·索尔兹伯里在研究苍耳的生长时观察到，那些他每天测量大小的叶子长得比其他叶子慢。由于受到测量工具定期触碰的影响，它们的生长放缓了。克莱蒙费朗植物发展实验室的妮可·博耶于 1967 年发现用刷子轻触泻根末端的节间会导致泻根生长缓慢及过氧化酶[1]高度集中。这一现象与大多数“感触性形态建成”植物受到触碰时所做出的反应一致。如果植物体感知到外界有机械压力并且有可能给自己带来伤害，植物体的其他机体就会介入其中发挥作用，比如生成一种压力激素（如茉莉酸、水杨酸、乙烯）。植物的这一反应分为两个阶段。首先，整株植物体迅速感知到这一刺激，生成酚类化合物以降低植物组织的可消化性（使食草动物不易消化食物），然后减缓生长速度并生成防御蛋白，特别是 PR（病原相关蛋白），某

[1] 过氧化酶是氧气的一种有毒性衍生物。

些病原相关蛋白可以破坏真菌或细菌的外壁，抑制病原体分泌蛋白酶。因此，植物是非常敏感的，即使是最轻微的触觉刺激，植物也同样可以对其产生强烈反应。

除了上文中提到的触觉刺激，植物也可以感知昆虫所造成的简单振动。这一能力体现了某种进化优势，即叶子可以在有害虫入侵时感受到它们所带来的振感刺激。叶子可以以足够的敏捷对害虫的入侵做出反应，通过改变叶部组织的成分来使害虫改变其攻击目标，转去攻击另一片叶子，甚至是另一株植物。密苏里大学的研究团队在 2014 年指出，拟南芥——这一植物生理学家研究所常用的植物模型，会通过生成防御分子，尤其是花色素苷，来对这种振动做出反应。该团队还指出，拟南芥可以区分昆虫所导致的振动与风所导致的振动。这对振动的敏感性是很有利的，因为它可以使植物迅速察觉到威胁。到底有多迅速呢？这种机械振动在植物体中的传播速度为每秒 10～100 米。

触觉刺激或振动刺激也会导致基因表达的调整。对于拟南芥来说，从一个昆虫在叶片上停歇的那刻起，就有 2.5% 的基因被迅速激活。拟南芥通过激活那些编码蛋白（比如钙调蛋白）的 TCH 基因来缓和它的细胞延长以促进其径向生长，这些被 TCH 基因编码的蛋白可以控制钙离子的流动，因此也就控制了电信号的发射传播。这种为应对触觉刺激所进行的基因高度分离见证了植物对机械刺激做出解释和反应的投入程度。

向触性，即植物朝触觉刺激所在方位进行反应的行为，这一行为更让人吃惊。植物会根据它所感知到的触觉压力的方位来调整自己的生长。这种向触性在那些生长在山地陡坡或沿海地区的树身上体现得淋漓尽致，这些树为了保持平衡，通常生得矮小，有时还不惜长成一副耍杂技般的扭曲姿态。树总是表现出对各种力复杂作用的巧妙的适应性、融合性，这些力通常是不稳定的。正是本体感受与机械敏感性的统一，正是重力感知与触觉敏感性的统一，使每棵树都具有堪称“建筑杰作”的外形，它们的外形与它们的环境是融为一体、和谐统一的。

加斯东·巴舍拉说道：“树生长得如此笔直，以至于天空都因它而变得平稳、安和。”树木是如何将其所收集的这些信息整体与自身融为一体，并综合利用以决定其最适宜的生长方向的呢？这一问题依旧是个人们一无所知的谜。也许在未来，如果我们问计算机：“哪种生命形式可以将各种力作用的混乱状态最好地与自身融为一体呢[1]？”它会回答我们：“是树。”但我们就别指望它可以向我们解释树是通过何种融合机制来实现它们的伟大壮举的了。

[1] 即树面对各种不稳定的力的复杂作用，调整自身生长形态，实现了力的混杂状态与自身适应性形态的和谐统一，将其融为一体。

植物感知分子

植物也可以从化学层面上感知世界。这一现象在以下两方面体现得尤为显著：一是植物在土壤中不断寻找营养元素，从而导致了根部的缓慢运动；二是植物具有识别可挥发性有机分子并对其做出反应的惊人能力。植物对可挥发性有机分子感知的这一现象，在被发现之后便马上引起了广泛关注，成为目前人们研究的热门领域。

由于自身的嗅觉并不灵敏，所以我们很难知道植物在“嗅”世界的时候究竟能从外界获取什么信息，而我们之所以认为植物在“嗅”世界，也是因为我们对于植物感知分子的这个灰色领域实在是缺乏想象力，于是便不由自主地寻找植物与动物的相似性，认为植物有味觉或嗅觉。尽管我们这样类比，但植物既没有味蕾也没有嗅黏膜，因此我们就不知道植物这种相似的感知方式是由什么组成的，也不知道它是怎么运行的。很显然，我们不会了解植物周围的化学环境在植物眼中是怎样的景象，不会了解这种环境在植物身上的内在体现是如何的，任何一种潜在形式的内在体现都不能了解。

生物学家理查德·甘恩在20世纪30年代初发现乙烯可以刺激果实成熟。而果实成熟这一过程本身就可以生成乙烯这种化合物，因此某一果实的成熟可以加速同株植物体上果实整体的成熟进程，从而吸引动物采摘果实、传播种子。在生活中，我们把那些还青着的果实和已成熟的果实放在一起对其进行催熟的做法正是利用了这种果实对乙烯的敏感性。

植物这种产生并感知乙烯的能力已经在南非得到了证实，媒体大肆宣传植物的这种能力与扭角林羚的神秘死亡之间的关系，BBC的纪录片“植物如何交流和思考”中也讲述了这一现象。后来人们找到了植物毒害扭角林羚的证据，很多家报纸指出植物在面对共同危险时会互相交流以达到相互警告危险的目的……我们在后文中将会讲到媒体是如何曲解这一发现来满足我们认为“植物拥有和我们相似的灵魂”的幻想的，《植物的神秘生活》的作者们早在好几年前就已经有这种幻想了，还把它写到了书里。

对可挥发性的化学释放物质的感知可以使某些植物根据向光性决定生长方向。寄生植物就很符合这一点，比如对于菟丝子这种完全不具有光合作用能力的藤本植物来说，光已经不再是其生长的最具决定性的信号了。对于它来说，重要的是找到一个合适的寄主，然后把吸盘状的“吸器”插进寄主体内并由此获取营养以实现自身的生长。寄主的选择从一开始就是至关重要的，胚芽会先消耗自身的储备营养进行生长，但它只有几天的时间来选定寄主并与之建立联结（即形成吸根进入寄主）。菟丝子的种子一旦萌发，它那丝状的幼茎就会按照手表指针转动的方向盘旋生长，在空间中探索搜寻，它在探索周围化学环境的同时也在生长，由此一步一步地扩大它的探索空间。如果其附近有合适的植物寄主（寄主被它自己所释放的化学物质出卖了），那么菟丝子幼苗就会停止它的回旋式搜索运动，朝着它的寄主生长延伸，然后与寄主接触，长出吸器来紧紧抓住寄主并依托寄主进行自身的生长、发展。

宾夕法尼亚大学的德·莫拉艾斯·孔苏埃洛和她的同事们在 2006 年指出，仅凭寄主的气味这一点，菟丝子就足以确定它的位置，即使这种气味在物理意义上并不存在，但是它的化学物质化身代替了它。如果寄生植物再幸运一点，有不同的寄主供其选择，那么在与其等距的小麦和番茄植株中，番茄的形态和生理特点则更适合它。当它找到寄主时，根系对它来说已经没用了，于是它使自己的根系坏死，通过寄主韧皮部的筛管来吸取光合作用合成的糖类、水分（通过木质部的导管）及其他生长所必需的营养物质。但菟丝子是如何感知寄主发出的信号的呢？它又是通过何种机制来朝着特定的方向生长的呢？这又是一个谜了。

另一种寄生植物则是独脚金属植物，目前已发现 30 多种，在非洲分布尤其广泛。这种植物很有科研价值，不仅因为它拥有检测远距离寄主的能力，也因为它造成了农作物的巨大损失。

在非洲，由黄独脚金导致的高粱减产年损失高达 1000 万美元。此种寄生植物每株可以产生数以万计的种子，这些种子在地下会保持休眠状态直到寄主植物的根出现为止。一旦察觉到寄主的存在，独脚金的种子就会萌发，长出纤细的胚根并把它固定在邻近植株的根上，然后再长出吸器插入其他植株的根部组织。种子的萌发源于其他植物的根部分泌液中的独脚金内酯的刺激，尽管这种物质的含量相当微小但已经可以刺激其种子的萌发。一个国际研究团队最近刚刚解开了这个谜团，他们发现独脚金具有特定数量的独脚金内酯感受器，这个感受器被 11 个 HTL 基因编码。这种基因特异性是独脚金进化的产物，基于这种特异性，独脚金对寄主植物根部所发出的存在信号极其敏感。由此可见，每个植物物种都是根据其自身需求发展出特殊敏感性的。

植物对音乐敏感吗？

植物对音乐甚至对我们声音的音色是否有潜在敏感性这一问题，虽然在本质上是颇具幻想性的，却一直被人们反复讨论研究，因此我们在本章节自然也就不能对这一问题避而不谈了。幻想主义文学中从来就不缺少对这一题材进行描写的作品，桃乐茜·雷塔莱克对“祈祷的作用”与“音乐对植物的影响”这两个问题都怀着同样的热衷与好奇，于是她在1973年“新时代运动[1]”的鼎盛时期出版了《音乐之声与植物》一书，这本书在当

[1] 一种去中心化的社会现象，起源于1970—1980年西方的社会与宗教运动。“新时代运动”所涉及的层面极广，涵盖了神秘学、替代疗法，并吸收世界各个宗教的元素及环境保护主义。它对于培养精神层面的事物采取了较为折中且个人化的途径，排拒主流的观念。

时成了畅销书。

在我们看来，似乎所有植物体都沉浸在一个寂静的世界里，在最喧嚣的环境里始终如一地坚忍着、泰然自若着，然而我们也同样知道，质疑事物的表面现象是明智的做法。植物究竟能不能通过某一种生理反射来对环境中的声音做出反应呢？这一点还有待于我们去研究和了解。这并不是一个很荒诞的问题，因为达尔文已经用他儿子演奏巴松管的方式实验过了，这个实验不是为了研究植物对音乐旋律的敏感性，而是为了测试含羞草能否在巴松管奏出重音时合上叶子。然而含羞草并没有产生反应，于是这位顽固的学者又用蚯蚓做了一次实验，也没有多大进展。

人们有时尝试着估计植物对不同类型音乐的反应性，但得到的结果总是混乱、难以解释的，而且通常是相互矛盾的。这一点也许是真的。两个印度研究者在 2014 年观察到，重摇滚和传统印度音乐对木槿花的大小会产生相反的影响。然而实际上在这一实验中，音乐对植物的影响与音乐播放装置给植物带来的纯粹振动性影响被混为一谈了。既然音乐播放装置都可以使玻璃振动，那么毋庸置疑，它当然也可以影响一片叶子，更何况还是一片连一只毛毛虫咀嚼叶片所引发的振动都能察觉到的叶子。因此，造成这一现象的就不再是音乐了，而是空气压力的变化及由此所引发的机械振动，如果我们把一个扩音器放置在被检测植物附近，这一现象会表现得更为明显。此外，不同音乐在频率、谐波及振幅上有很大差异，而这些特征又是随时间不断变化的，因此，音

木槿

乐对植物影响的外在表现是很复杂的，几乎没什么可比性，比较这些外在表现就显得很大胆、鲁莽了。我们当然可以含糊其辞道："没有证据证明不等于这个事实就不存在。"然而这样做的话就意味着我们也只能到此为止了，只能得出一个这样的结论：植物对于音乐的敏感性，即对艺术文化所固有的有声表现整体（主要体现为音色和音调的变化）的敏感性，不仅仅是尚未被证明，也是显然不可被证明的。

虽然植物对音乐没什么兴趣，但它是否依然可以检测出声音呢？对环境中的声音做出反应这一行为不仅是由振动引发的客观物理现象，也是一个与听觉感知有关的生理、心理现象。丹尼尔·查莫维茨认为，通过声音进行倾听或交流的能力是动物所特有的，这种能力与动物的运动能力有关，也是动物获取信息并且迅速做出反应所必需的。此外，行为生物学家凯尔·特恩·凯特也同样指出，动物发出的声音只能影响可移动的生命体做出靠近或躲避的行为。不管是以何种形式，无论是和光子接触，或者和分子接触，有振动抑或受到撞击，植物从来就只表现出了一种对接触的探索式敏感性（即以近距离接触为前提）。这种敏感性不是动物精神发展中所必需的那种远距离敏感性（对远距离的事物也可以感知）。当然，有人可以反驳说："植物对引力场的感知就是远距离感知。"但此处的敏感性与耳石和细胞膜间的交流有关（不是植物本身对远距离事物的敏感性，只是耳石的特性而已）。

然而行为学家莫妮卡·加利亚诺却认为，声音感知对植物来说有潜在的适应性价值，因为植物在其生长环境中是不能移动的，但它又应当了解环境的方方面面以满足生存需要，因此这种声音感知可以使植物适应环境，在环境中存活。

地下声音感知对植物来说是一种额外的地下已开发路径，因为土壤是著名的振动的良导体。莫妮卡·加利亚诺指出，玉米幼苗会根据声源的方向决定其根系的生长方向，当声音频率为200～300Hz时（理论上人类可以听到），根弯曲的斜度最大。另外的一些实验则显示植物可以回应空中发出的声音。比如，把秋葵种子放置在一个自然元素声音丰富（包括鸟叫声）的音乐环境中48小时，它的萌发率会上升30%。菊花的根也同样对声音刺激有反应，在有声刺激下根部可溶性糖、蛋白质和淀粉酶的含量会上升。

然而，声音对植物的这些影响究竟是根据何种机制实现的，这一问题仍旧是个谜，我们也只能做出一些未经检测的假设而已。声音的产生也许影响了细胞膜的蛋白结构，使其流动性增强，或者是改变了细胞膜的电位。然而，声音的唯一含义就是它在振动上的含义，它只是一种振动产生的声波而已。刻意寻找声音的双重性，玩弄术语遣词造句，并因此像前面提到的那些实验的操作者那样赋予声音其他的含义可不是很合理的行为。

如果说声音超出了它在振动上的含义，不是作为声波，而是作为构成音乐的第一要素的话，它确实可以使我们感动，具有其他含义。但是植物听到的和我们听到的未必一样，所以假设二者的相似性是很危险的。同样，“绿色交响乐”的假想也很让人怀疑，某些科学家不遗余力地提出这一假想，因为他们认为植物之间是存在声音交流的。停止对植物的幻想吧，我们应该以植物本身的模样去看待植物，而不是以我们幻想中希望它们成为的模样去看待植物。就这样对植物的敏感性做出结论似乎有点令人失望，但事实就是这样：植物对微粒状或波状物体的接触极为敏感，然而却不能在心理上对这种刺激形成幻想图景假设，也不能自我描绘出空间的形态，因此，植物不具有真正意义上的远距离敏感性。[1]

---

[1] 植物只是对近距离接触有敏感性并做出相应的反应而已，对于远距离的刺激，植物根本不能估计刺激源的特征，也根本无法感知空间究竟是什么样子的。

植物的交流

“植物，是寂静的女儿”，植物学家艾琳·海纳尔·罗克对植物的这一美丽的描述提醒了我们：植物，这一对外界刺激影响及各种喧嚣动荡都如此固执地保持着缄默的物种，似乎是不能进行交流的吧？

关于“交流”这个词，我们在此处将它理解为一种传递信息的能力，这种信息传递或在“集体性存在”的一部分与另一部分之间进行，或在一株植物与另一株植物之间进行。主要问题在于，我们很难辨别出这种信息传递到底是服务于植物体“自身”，或更深一步假设其服务于其他植物体。因为植物界中个体的界限比动物界要不鲜明得多，因此辨别信息服务的对象就变得格外困难。她将这一难题总结为一个问题：今天，在一系列仅有的科学事实的基础上，我们能不能认为不同植物体之间存在交流呢？尽管我们在这方面所做的一系列观察实在有限，但还是让我们赞同这一点：目前已被确认的交流模式所体现出的都是不同植物体之间进行的信息传递。

植物出于防御目的而进行的交流

对植物这种“多元集合式存在”而言，保证自身功能的平衡运转，以及通过电信号、水信号或化学信号进行内部交流以保持整体的协调性是很重要的。在众多化学信号中，最著名的就是植物激素了。

植物激素可以控制植物的生长（如生长素、赤霉素、细胞分裂素、油菜素类固醇），或者控制植物生长中的各种重要阶段，比如乙烯可以控制果实的成熟，茉莉酮酸可以控制花粉的生成等。这些化学物质媒介调节着细胞的分裂和伸长，并以此促进植物协调生长。这些植物激素以微量浓度就可以发挥作用，不过植物激素并不是在某些特殊器官里形成的（比如动物激素分泌腺体），而是在某些分化组织中形成的。在一系列的信号传导结束之后，这些化学信号就会被每个细胞中都存在的特殊感受器感知到。细胞只需几秒的时间即可对这些信号做出反应，但是植物激素具体作用的部位的反应时间却需要好几天，因为植物激素带来的是整个植物体生理上的变化。在这个过程中，周围的植物也可以捕捉到某株植物所释放的一部分信息，它们可以通过外部渠道诸如空中渠道或地下渠道去感知植物释放的那些可挥发性化学物质，而对于那些沿根系间菌丝网传递的不可挥发性物质，它们则只通过地下渠道来进行感知。这些从某一株植物体身上泄露的信息可以影响其他植物体做出反应。那么，植物体是刻意而为的吗？也就是说植物体有刻意去警告其他植物体的意图吗？

科学性文学作品中提到的“植物间的交流”通常都具有一种在应对捕食者，应对生存竞争者或应对环境压力时而进行的防御功能。如果一株植物同另一株植物间真的存在交流的话，这种交流倒是有利于植物进行某种保护行为，这种保护行为有时被解释为“植物出于社会性本能而进行的保护行为”。但是在这个问题上，我们又遇到了相同的难题：对于一个“多元复合式存在”而言，“社会”究竟是什么呢？其本身就很复杂，更何况它还通过连接根系的地下菌丝与其他植物体融为了一体。同对植物敏感性问题的讨论一样，对植物交流问题的讨论中存在着一个“视觉陷阱”，这个“视觉陷阱”在我们那难以抑制的要在植物与动物间寻求类比联系的需求的滋养下越演越烈。

然而，这些类比又一次失效了，以往努力都是徒劳。比如，当我们把手指伸进盛有滚烫的水的锅中时，只有我们的中枢神经系统和那些控制做出立即性缩手动作的肌肉感知到了这一刺激信号，信息传递是直接以手指的反射运动为目的的。但是对于植物而言，由于缺少内部器官，外在威胁所引发的信息传递并不是集中指向某个部位、某些器官组织，而是与之相反，在空间上进行扩散，速度并不快而且在器官针对性上也不怎么精准。但植物的信息传递并没有因此就比动物的信息传递低效，它同样可以使植物对外界刺激做出反应。植物的信息传递甚至比动物的信息传递还完美，这一点尤其体现在它可以使植物只在有捕食者出现时才合成有毒物质以进行对抗和防御，因此植物可以节省自身宝贵的能量。

空中交流渠道

让我们先讨论那些通过介质在植物体外部扩散而进行的信息传递形式吧，这些信息传递形式最容易理解。

1983 年，伊恩·鲍德温和杰克·舒尔茨公布了关于枫树幼苗反应研究的惊人发现：一天半之前，他们提取了一些枫树幼苗叶表皮的一小部分。但后来他们观察到，一些枫树幼苗所有叶子中鞣质和有毒性苯酚化合物的含量都上升了，不仅如此，它们还向周围的其他树木传达了自己受到侵袭的事实。而这些树木也进行了类似的反应，合成了具有抗生素性质的物质。由此，他们做出了一个相当有违正统主流观点的假设：被损坏的叶片组织向它们周围的叶片释放了一种可挥发性媒介物质，于是周围的叶片很快就得知了有害虫入侵的事实。

在某些科学报刊记者过分夸张的笔调下，这一实验中的树木刚刚是在“开口说话”。然而有人反驳道：就算树木真的开口说话了，难道就意味着它们想被人听到吗？事实上，没有什么比这可能性更小的事了，如果你们想沉迷于拟人论调中，大可去谈论植物的“逃避”及“窥视”行为，而不是把这种植物间纯粹的化学意义上的对话行为牵强地拟人化。实际上那些叶表皮没有被损伤的枫树投机取巧，很微妙地利用了被损伤枫树所传达出来的信息，尽管这一信息原计划并不是要传给它们的，而是只传给被损伤枫树的所有叶子。此外，仅从进化的角度来看，实在是很难解释这种“利人不利己”的特征究竟是如何变成植物普遍延续代代传承的特征的。有人也许认为群体性反应有利于更好地抵御昆虫侵袭，然而像这样的现象从来没有被证实过。

除了拟人论的问题，这一奠基性研究中所用到的实验设施也被证实存在着不足。2000 年，生态学家理查德 · 卡班又回到了鲍德温所研究的课题，进行了相似的研究并发表了研究结果，不过这次研究不存在实验设施缺陷，而且是以长达 5 年的持续性观察为基础的。从实验的方法论层面上来讲，没什么可重复说明的。卡班观察到，身边的同种植物苗木在受到捕食者侵袭以后，未被损害的蒿属植物苗木增强了它们的抵抗力。他还进一步研究，发现导致这一现象的可挥发性物质其实就是茉莉酸甲酯——一种类似于动物前列腺素的“压力荷尔蒙[1]”，他在蒿属植物周围的烟草幼苗身上也观察到了同样的反应，其叶片多酚的含量上升且有效减少了蚱蜢的攻击。鲍德温终于可以让那些诋毁了他近20年、质疑他实验成果的人闭嘴了，他将慢慢享受这种报复的快感。在那之后的几年，另一个团队又对桤木做了相似的实验并且得出了相同的结论。自此，植物通过空中渠道向另一植物传递信息的这一原则不会再受到任何质疑了。于是，忽然之间，树又“开口说话了”。

同样，所有人都知道，这些现象都是通过媒体的大肆宣传与渲染的方式来被人们所了解的，就像南非的金合欢事件。这些金合欢似乎可以对大型食草动物的进攻和侵袭相互警告，一旦察觉到有被侵袭的危险，它们就会立刻在叶子上布满难以消化的物质。作为受侵袭后的第一步反击，受损害的叶子会散发出乙烯，使之扩散到空气中，通知同一棵树上的其他叶子及周围树上的叶子有被侵袭的危险。这种植物压力激素会被以膜蛋白为代表的感受器感知到，然后这些膜蛋白就会进行一系列的磷酸化处理。然而我们对这种磷酸化所带来的影响仍旧不是很了解，尤其是对核糖核酸稳定性调节的影响及对有毒蛋白质生成的影响。每片被受伤叶片所释放出的乙烯告知有入侵危险的叶子都变成了一个化学

[1] 对人类而言，即当人们紧张的时候，身体的肾上腺释放出的去甲肾上腺素、肾上腺素等化学物质。这些物质能促使人们的血管收缩、血压升高，使人们警醒，从而应对紧张的事件与活动。

反应变化的大舞台。如果这个食草性的“罪犯”被困在了这一环境中，周围又没有其他食物来源，那么它就只能吃这些味道不怎么好的金合欢树叶，而这些树叶会给它们带来灾难性的后果。由于它根本不能消化这些叶子，因此最终会死去，20 世纪 80 年代南非的那 100 多只大扭角林羚就是这样死去的。

虽然扭角林羚的例子已经过时了，但它在当时轰动一时且为新闻界带来了不可否认的利益，因此在今天，所有与植物交流有关的文章或博客都在重复引用这个例子，这已经成了一种惯例。然而这个耀眼的例子却使一些最近发现的其他例子黯然无光，当然，这些例子没有那么轰动而精彩，因为它们在本质上只关系到一些默默无闻的无脊椎动物，自然比不上非洲野性标志动物的死亡所造成的轰动了，但这并不意味着它们不值得我们关注，我们应当给予它们同样的关注。

只有等到我们具有分析这些植物在被侵袭情况下释放出的可挥发性化学物质的能力时，才能完全弄清楚这些物质。这些植物释放的复杂混合物涉及多达 200 种可挥发性物质，这些挥发性物质混合在一起形成了同一种香味，一旦有捕食者出现，这些复杂混合物的成分就会发生剧烈变化。今天，植物在应对食植性昆虫进攻时所散发出的可挥发性物质中有 1000 多种已被确认。这些已被确认的物质勾勒出了植物散发物所构成的广阔的物质世界的初步形态：类萜、苯环类、硫化物、亚硝化合物、脂肪酸衍生物及苯丙烷类物质，都在其中占了很大比例。植物似乎以极其精湛

番茄

的技艺在进行一场各类挥发性物质的大表演。

每个植物体在“读懂”挥发性物质所构成的化学信号之后对其做出反应的速度是不同的。比如，对于番茄来说，番茄植株在受到昆虫袭击后的1小时之内就生成了茉莉酸甲酯，即可挥发的茉莉酸的甲酯化合物。茉莉酸是一种在大部分植物体中普遍存在的化学物质媒介，可以调节植物对食植性捕食者或其他形式的进攻所做出的反应行为。每株植物体，或者是收到这种化学释放物所发出的警告信息的那部分植物体会积累形成蛋白酶抑制剂，这些蛋白酶抑制剂可以干扰破坏昆虫的消化功能并由此使它们丧命。在这样做的同时，植物还散发出可挥发性的化学信号，这些化学信号会在植物体的周围区域扩散，这一过程就是所谓的“连锁警告”。

从能量的角度上来说，这种机制对植物是有利的，因为它可以使植物体只在遭遇到威胁时才生成防御性分子（比如鞣质或生物碱），并根据入侵者的生物特性有针对性地采取应对措施（看上去似乎是这样）。但是像这种通过释放可挥发性物质来进行的交流机制也有其他好处。首先，植物体一旦遭到捕食者侵袭就立刻释放了这些化学物质媒介，释放速度相当快。其次，它们会在维管通道中进行传播，这样更快一点。最后，这些物质媒介当然可以就近将警告信息传达给空间距离比较近的组织，但是这些组织却未必直接和维管组织连接。比如，对于藤本植物来说，由于其攀爬的错综复杂，那些被同一只昆虫袭击的叶子，可能相邻但却不是从同一个枝丫上长出来的，甚至都不是从同一根茎上长出来的。此时靠维管组织运输物质媒介就行不通了，因此这种靠植物外部空中渠道进行信息传递的方式对植物分支间的信息交流就比较适用了。

人们也许很想把这些可挥发性化学释放物的混合比作表意符号的集合体，并且窥视到融合世界语与稀有语言于一体的极其冗长、反复、烦琐的植物语言体系。然而这种类比颇具投机主义色彩，也并不能带来什么明显的启发。

此外，把植物的这种交流总结为一种定向的利他主义（即告知其周围植物有危险存在）的交流也同样是鲁莽而大胆的行为。理查德·卡班实际上已经观察到，与异种植物个体发出的化学信号相比，蒿属植物幼苗在遭遇捕食者时更愿意对其附近同种植物个体做出释放出的可挥发化学物质的反应。这就说明植物的警告机制不是用来利它的，而是服务于自身的。然而这种形式的交流（即通过空中渠道，靠挥发性化学物质进行的交流）仍旧具有不确定性且风险性很大，因为那些化学信号的移动是杂乱无章的，就像花粉或种子通过被风吹散进行传播一样杂乱而不确定。事实上，通过以菌丝体为代表的地下网络进行的信息传递才是真正意义上的由一个植物体到另一个植物体的信息传递。

地下交流渠道

近期，以色列内盖夫大学的研究团队提供了一个植物通过地下根系网络进行地下交流的例子。研究人员发现，豌豆幼苗可以通过地下渠道接收到其相邻植物体传达的关于突发性干旱的信息。在相邻植物体幼苗遭遇缺水压力后不到 15 分钟，那些种植在水分充足地区的幼苗就关闭了气孔，以减少水损耗。1 小时之内，周围所有受干旱影响的幼苗都闭合了气孔，以服从这一干旱预警信号。这是利他主义吗？很显然，对这种缺水信号的共享体现了一种集体秩序的好处。在一个水资源突然变得稀缺的环境里，如果周围植物幼苗都各自减少它们对水的消耗量，那么每株植物幼苗在个体层面上都将从这一集体性行为中获益。除此之外，对缺水压力状态的预警、预防也可以降低植物遭受害虫侵袭的风险。首先，因为这些害虫可以快速找出羸弱的植物，对其下手，因此早预防缺水可以降低被侵袭的可能性。其次，对于一株幼苗而言，如果它的邻居引来了捕食者，来到了它身边，那么它也会处于危险当中，而降低邻居的风险也是降低自己的风险，因此这种共享警报操作可以使每株幼苗受益。当然，关于这种植物间的相互交流，我们也可以做出其他的精妙假设，但这些假设并没有任何的论证价值。

我们也可以好好思考一下，在上述实验中，邻近植物只不过是投机取巧，利用了一个原计划目标对象并不是它们的信号，而这个信号也只能表现为被干旱侵袭的植物个体根系内部渗透压的变化而已。我们仍旧不了解这种一个植物体和另一个植物体之间的信息传递究竟是根据何种机制运行的，尽管有人假设说是一种类似脱落酸的植物激素在其中发挥着作用。况且，这是在实验环境下收集来的观察数据结果，也许在真正的自然环境中，由于这些幼苗生长在同一片自然环境中，它们所面对的供水条件或潜在的缺水压力都是一样的，没有差异，因此在面对突如其来的干旱时，它们只是各自做出反应而已，这就意味着这种植物间的警报机制是没有用的。

话虽如此，对实验事实所表现说明的内容持谨慎态度是必要的，但这并不等于植物之间就不存在通过地下渠道进行的信息传递。当某一株植物被有害真菌侵袭时，与它相邻的其他植物就会通过菌丝网得知有害真菌入侵的消息，这些菌丝网连接着与这株植物邻近的其他植株，甚至是其他不同种的植株。2000 年，中国广州大学的一个研究团队发现，致病真菌对番茄幼苗的侵袭会引发大部分与此幼苗相邻的健康植株进行反抗，它们会合成对昆虫有害的酶，比如过氧化物酶或甲壳质酶。在实验中，这些幼苗的地上部分被密封的保护层彼此隔绝开，由此证明了这种信息传递是在土壤中通过菌丝网结构进行的。阿伯丁大学的研究团队也以相似的方式进行了实验，发现蚜虫对某株菜豆幼苗的侵袭会使得该植株周围的其他植株合成有毒物质，而这一信息是通过菌丝网传递的。

植物间存在声音交流吗?

如果说，正如我们在之前的章节中所看到的那样，植物似乎是“聋子”，那么，它们也是“哑巴”吗？在今天，我们已经知道了植物可以发出声音，它们可以发出 20～240Hz 的低频率声波，或与之相反，发出 20k～300kHz 的高频率声波。而人耳能识别频率为 20Hz～20kHz 的声音，因此植物所发出声音的这两个频率段只覆盖了人耳所能识别的声音频率段，是非常有限的一部分。但我们还是可以幻想听到玉米幼芽根系的浅吟低唱的，莫妮卡·加利亚诺发现玉米幼芽的根部可以发出声音……我们从很久以前就知道，人耳所感受不到的次声波和超声波可以通过机械效应或温热效应对活体组织产生影响。发射出的声波会使植物发生一些生理变化，比如影响多胺和植物激素的生成、氧气消耗量的变化或可溶性蛋白质浓度的变化。从更普通的角度出发，我们可以把植物发出的声音理解为由水在木质部导管中运输时张力松弛而产生的一种简单的声音表现形式，即声波。这种现象被称为“空穴现象”，当导管中液体压力降低，导管内有空气存在时才会产生这一现象。“空穴现象”中气泡在形成和移动的同时就伴随着声波的发射。但是没有任何证据可以证明这些发射的声波可以传达某些信息，具有信息功能。

然而莫妮卡·加利亚诺却尤其坚信这种信息功能是存在的。她最近还做了一个假设：植物之间存在以声音为本质的交流，甚至是在电磁波传播基础上进行的交流。她在论文原稿中详述了自己在这一课题上所做的工作，但是这篇文章实在是有违正统学术观点，因此被6家科学杂志拒绝刊载。直到2012年PLoS One才终于刊出了这篇文章，然而这家杂志的态度也非常谨慎，他们在刊出这篇文章之前安排了7名不同的编辑对其进行试读和评价，并且要求她再重复一遍她的实验。这一实验研究显示，辣椒种子在靠近茴香种子时比它靠近自己同类的种子时萌发得更快。这种实验结果原本没什么好让人吃惊的，完全可以用迄今为止我们所了解、掌握的植物交流渠道去解释它，比如通过空中渠道或地下渠道传递化学信号，或是对光的反射运动，抑或是对简单触碰的反射运动，然而这个实验中不同组的种子都被完全密封的隔板相互隔开了，于是这些交流渠道就都被阻断了。因此，存在另一种交流方式使处于萌发中的辣椒种子察觉到了茴香种子的存在，并由此对自己的萌发行为做出了调整和改变。

另一个补充性实验则显示，玉米幼苗的根部不仅可以发出声音，当人用机器模仿发出相同的声音时，根还会朝发出声音的方向倾斜生长。于是，莫妮卡·加利亚诺又做出了一个假设：植物幼苗间存在有声交流。她之后在另一个出版物中又进一步发展了这个观点，并提出了另一个假设：相邻细胞会进行协同振动，而这种振动会产生超声波。她坚信植物之间存在着有声交流，且这种有声交流是通过除“空穴现象”之外的其他途径实现的，她也许是当今世界上最坚信这一点的科学家了。对她来说，在这个课题的研究上，我们就像那些前不久还对蝙蝠空间定位机制感到困惑的科学家们一样处于困惑不解的阶段，但他们最终发现了这一机制，即通过回声定位法这一声音定位途径实现的。不过，植物通过在地下传播振动的方式来进行交流也是有可能的，尽管莫妮卡·加利亚诺的种子萌发实验告诉我们，这种形式的交流很明显不是唯一可能的交流途径，也许还存在着其他形式的交流。土壤是很好的导体，蛇对这一点再清楚不过了，因此它们总能在被我们发现之前就溜走（蛇通过感知土壤的振动感知到了人的靠近）。不过此处说的植物间传播的振动是短距离传播的振动。

此外，也没有任何证据可以证明植物是故意发射这种发射物的，无论是声音形式的发射物还是电磁波辐射形式的发射物。所以应当承认，就算植物真的被证实对这些振动的表现形式（比如声音、电磁波，抑或是简单的由土壤传递的振动）很敏感，“植物世界存在有声交流”这一观点也仍是使人兴奋但又颇具假想性的。对这一问题的研究似乎不大可能像蝙蝠定位研究那样给我们带来那么大的惊喜了，道路颇艰啊！

识别亲戚……抑或识别自己

一株植物通过地下渠道可以识别出所有与它基因相近的亲属。对于生命体而言，这种识别能力是其进行社会生活的首要条件。此外，这种能力也使生命体可以更容易确保自身遗传物质的传承与延续，繁衍出携带有自己基因的后代。比如说海马康草，这种生长在北美沿海沙丘地带的一年生草本植物，当它在地下接触到同一亲族的植物时，其根部的生长速度就会下降，然而若是它接触到了“外族”植物（即遗传基因不同的植物），情况就完全不一样了。

斯特凡诺·曼库索认为这一观察结果引发了我们对植物的印象的本质性变化，比如，我们原以为植物和它所有的邻居之间都会进行生存竞争。蒙大拿大学的生物学家拉甘・卡勒韦对在某片区域占据主导地位的某些植物所表现出来的根部生长机制很感兴趣，对于这种根部识别功能，他提出了一个很诱人的从生物和进化角度进行的解释，但无法参透这一功能的目的性。事实上，这种根部对植物亲属的识别功能可以减少有亲缘关系的植物根系之间的交错覆盖及竞争，促进同一血统植物个体的生长繁荣，但同时也损害了其他植物的生存权益。这从根本意义来说确保了同一亲族植物个体与整体的生殖繁衍，尤其是对于一年生植物而言，同多年生植物相反，它们不得不每年都进行繁殖，这对所有一年生植物来说都是种灾难，因此这种识别功能就成了所有一年生植物的福音。

然而，我们又一次不禁疑惑：此处的识别功能是一株植物面向另一株植物的交流吗？还是说，植物这么做只是为了避免其根系与其近亲植物根系的交错覆盖而已呢？就像是它想避免自己的根系之间的交错覆盖一样，再自然不过了。与其说是识别别株植物，难道不是植物被它自己的化身欺骗了吗？它以为自己识别的是自己，但实际上不过是同亲缘的别株植物，是它自己的化身而已。

同样，植物也可以通过空中渠道来识别亲属，这一点尤其可以通过某些树木的“羞避”行为体现出来，人们早在近 1 个世纪以前就发现了这种“羞避”行为。对于某些植物物种来说（主要是山毛榉科植物、松科植物或桃金娘科植物），成体树木的叶子似乎对其他树木怀有一种羞避矜持的心理，具体表现为该树木叶子与其他树木的叶子保持一到几分米的距离。人们在确认这一行为的发生机制时似乎从中又一次看到了植物识别其他植物体的能力，然而植物这一行为究竟是根据何种机制发生的尚未明确，仍存在争议。

费约果（桃金娘科植物）

关于这一问题，人们已经提出了好几个假设，要么认为是植物之间对光的竞争导致树冠外围叶芽生长活动减缓，要么就把这种羞避行为看作纯粹机械磨损[1]的产物，自 20 世纪 50 年代起，澳大利亚桉树移植中就开始借鉴应用这种机械磨损了。第二种假设也许是成立的。实际上，最近一项研究显示，至少在温带森林中，这种羞避行为是植物叶子相互摩擦的产物，而不是周围树木遮挡所导致的光吸收量减少的产物。然而这些假设却并不能解释另一种羞避行为，即植物根部所表现出的羞避行为，我们未必能在同一植物体叶子的羞避行为中看到其根部羞避行为的影子，二者是不同的。

[1] 树木在风中时碰撞产生物理伤害。由于擦伤和碰撞，诱发了树冠的羞避反应。

在研究植物世界时，重要的是，不要把这种植物对其亲属的识别看作对植物氏族团体归属的唯一检测，而是要把它看作植物“多元集合”特征的产物。植物对其自身及与其自身相像的其他植物体的识别，植物体对其各个部分的整合（即使各部分和谐统一形成一个整体），这二者都是通过同一个过程实现的。那些栖息在同一棵树上的蟒蛇，或者是那些栖息在基因很相近的不同树上的蟒蛇，它们彼此之间会相互支持、和谐互惠，分享相同的喜好习性，甚至会融合形成一个整体，我们可以把这些蟒蛇之间的合作看作这种整体性的表现。

换句话说，植物也是这样的，我们所观察到的植物的整合也可以超越植物作为个体层面的意义（即植物作为个体对其各个部分进行的整合），成为该植物与其他亲族植物体之间形成的一种融合，一个整体彼此之间和谐相处互利共赢，确切地说，这些亲族植物体也正是该植物的“另一个自我”。因此植物识别亲属从某种意义上来讲也是在识别自己，也许它真的把那些植物体当作自己的一部分了，植物和其亲族植物体形成的融合性整体与植物体各个部分所形成的整体有相似性，前者就像一个由多个基因相似的植物融合统一形成的“多元集合”整体一样，像一个抽象放大版的植物体。

植物的内部交流

我们在上一章中提到，植物细胞是有敏感性的，因此，在这种敏感性的支持下，先发生的是植物体内信息的胞间传递，这一过程是通过细胞内感受器对刺激的感知实现的，感受器可以感知该刺激的性质、持续时间及强度。之后这一刺激信号会被放大并被传递给其他细胞结构，以使得植物对这一刺激做出充分反应。然而，对于蟒蛇而言，这仅仅是信息的内部传递，即从其身体的一部分传到另一部分，就已经因为极其难以调查而颇具神秘色彩了，更别说是不同蟒蛇间的信息传递了，植物体亦是如此。植物细胞是通过原生质丝相互连接的，原生质丝是一种直径为 20～40 纳米贯穿植物细胞壁的微小孔道，它可以连接两个相邻细胞。由此，相邻植物细胞的细胞膜和细胞质相互连通，形成了一个称作“共质体”（由细胞质和原生质丝构成，不包括液泡）的连续空间。植物细胞是高度连接的，因为连接细胞的原生质丝的数量从1000～100000条不等。水、溶质及离子是原生质丝最常运输的物质，除此之外，由于每条原生质丝可以扩大其开放通道，因此一些体积较大的蛋白质复合体，比如信使RNA或病毒基因组也可以通过。

然而，这种信息传递系统只适用于短距离传递，充其量也就是几毫米的距离。对于长距离信息传递，似乎是植物的树液运输系统介入发挥了作用，这一系统由木质部和韧皮部组成。木质部（源于希腊文“xylon”，意为“木头”）将“上行液流”从植物根部运往植物的地上部分，这种“上行液流”主要是由水和无机盐组成。木质部的导管由一连串死细胞构成，这些细胞的细胞壁中渗入了木质素（即木质化）。韧皮部（源于希腊文“phloios”，意为“皮层”）中负责运输的结构仅由活细胞构成，负责将“下行液流”从叶片运往植物各个器官。“下行液流”是一种富含糖类的有机物溶液。此外，在第二章中我们已经知道，韧皮部被看作是电信号在植物中传导的优先通道。这种多功能性很正常，因为对于没有内在器官的植物体而言，实际上它身上似乎没有一处构造是只拥有唯一一项功能的，而是都具有多种功能。研究发现，电信号在韧皮部的传播速度比化学性质的信号的传播速度要快得多。拟南芥受伤时会发出一种去极化波，这种波可以在韧皮部的管状组织中传播扩散，其传播的平均速度为每分钟 13 厘米。

水信号也同样可以通过树液对植物产生影响。比如，土壤的干湿程度可以通过“上行液流”的压力直接体现出来，这一压力的变化可以很快引发叶片气孔的闭合并由此降低植物受干旱影响的风险。韧皮部还可以保证化学物质介质在植物中的传播，并加快它们的传播速度。生长素在植物茎部细胞间传播的平均速度为每小时 5～20 毫米不等，不同种类的植物传播速度不同，尽管这样，这也绝对是一个很可观的速度了，足以使得植物某一部分的生长发生弯曲变化。前面提到水信号对植物有影响，那么相应地，这种运输方式也会受到缺水压力的影响。植物一旦缺水，这些化学物质介质就不能正常传播扩散了。因此，可挥发性物质介质在空中的传播就成了一条尤其珍贵的补充通道。

然而，这些介质传导在植物体身上具体发挥着什么作用还有待我们去了解。比如钙信号，即一种在钙介质作用基础上进行的信息传递，体现了一种植物内部信息交流的形式，然而对于这一信息交流形式，我们也只能估计出其影响规模，对其具体功能的了解还是相对模糊的。钙是植物生长所需的一种营养元素，但同时它也以钙离子的形式作为植物体中的首要信使而存在，负责胞间的信息传递。电信号主要是由食植性昆虫的分泌物引发或是病原体活动刺激下引发。钙信号的转导会先后经历钙离子流入和钙离子流出（表现为胞质内钙离子浓度的下降）两个过程，最终结束平息。钙离子流入胞质是通过钙通道实现的，钙离子通道存在于内质网中（内质网即细胞中存在的膜性网络），而钙离子的流出胞质则是通过钙泵进行的。这些钙离子浓度的变化有时是以振荡[1]形式出现的，这就形成了钙波[2]。这些钙波的振幅和频率各不相同，并以此相互区别。钙波会被蛋白解码，尤其是蛋白激酶。植物体内存在大量蛋白激酶，比如拟南芥就有 250 多种蛋白激酶。被解码后的钙波会像一些特殊签名一样被接收，这些特殊签名携带着关于外界刺激的性质及强度的相关信息。它们在被传递、接收的途中会引发植物进行一系列应对刺激的逆境响应，因此对植物具有非凡的意义。

上述的一切都体现了不同形式的信号（如化学信号、电信号或水信号）运作的极端复杂性，这些信号刺激植物对其做出回应。首先是不同层次组织的回应，其次是细胞的回应，最后是整株植物体的回应。我们只要试想一下每个植物细胞无时无刻不得不接收的信息洪流，就会有一种头晕目眩的感觉，更别说要弄清楚植物是如何综合处理这些针对不同刺激做出的不同应答，使其整体达到协调统一了。然而植物没有大脑，这不就好比飞机中没有飞行员，管弦乐队没有指挥一样吗？又或者，就像斯特凡诺·曼库索及其他几位科学家近来推测的那样，植物是通过一种

[1] 即钙离子浓度随着时间的变化出现很规则的钙峰。

[2] 钙波是细胞内部钙离子在细胞内某一个位点开始升高，并从该位点沿着一定方向向周围扩散的现象。不同的信号会诱导植物细胞产生形状、形式、动力学各不相同的钙波。

网络方式实现自身功能运行的？还是通过一种具有放射性传递特征的网状结构来运行的？

但是，如何回答一个如此宏大的问题呢？一个关于对我们来说依旧很陌生的植物世界的问题。在植物生理领域，区区几十年的研究是远远不足以解答这个问题的，也许，对“植物的真实面目究竟是什么样的”这一问题的解答，还需要我们子孙后代的不懈努力。

植物的时间观

“植物的时间观”这个话题，一直静静地隐匿于我们的视线之外，不为我们所注意。植物体总是表现出一副生长的姿态，这种生长似乎没有尽头，而植物体似乎也永远不会成熟，不会老去，它就像是一支有生命的芭蕾，在时间长河中静静旋转，恪守着自己的时间观，恪守着它那与我们的时间观相去甚远的时间观。因为人类的时间与植物的时间既不是同步的，也不是同时的，甚至都不是相似的……而且，我们也不能按照真正的“植物的时间衡量法”去看待植物的时间。对于植物，我们看到的从来就只有其静止而冷淡的外形，似乎周围的一切都与它无关，而它的外形和颜色也是静止不变的，始终保持着我们目光触到它的那一瞬间所呈现出来的样子。因此，囿于这种观念，我们从未完全地、设身处地地思考过：每株植物体是以怎样隐秘的方式在时间的流逝中自在从容生长的呢？而时间之于植物，亦是尤其富于变化的，其形式表现极具多样性。

植物时间的不同形式

首先要提到植物时间的形式，即一种线性的、连续的、“从容不迫”“戒骄戒躁”的时间形式。植物的生长运动就是按照这种时间形式进行的，持续进行，从容生长，不慌不忙。时间的规律性流逝和植物的生长似乎是融于一体的，二者相互度量，见证彼此。若把这一点应用在树干上，就是加斯东·巴舍拉所观察到的：顺应时间的缓慢流逝，静静积累纤维，少生侧枝，树干实现了自身体积与厚度的增加。除此之外，植物还有另一种时间形式，主要体现在生理上的反复性，是一种富于节奏的周期性的时间形式，比如植物的季节性繁殖，抑或由昼夜交替导致的植物生理变化。在这前两种时间形式的作用下，一个是线性、无终止，一个是周期性、富于节奏。

树木秉承天体的时间观，就像是洞悉了太阳系群星的运转规律一般，以天体的时间、运转规律来指导，衡量自身的生命活动。于是，树木的气孔在正午时会闭合，花在夜间会闭合，叶片在冬天来临时会脱落。植物遵循着天体的时间，因此它的时间观是宇宙性的：植物生长、开花、死亡，一切都按照天体运行节奏进行。

但除了这两种时间形式之外，植物还有另一种时间形式，它似乎排斥一切规律性，是一种无法预料的、混乱无序的时间形式。它主要表现为一些难以预料的突发性事件，一些在事物平稳顺利发展中出现的“小插曲”，比如暴雨天气及破坏性干旱。这三种时间形式相互结合，形成了一个时间的螺旋形结构[1]，上面存在着一些由“不确定性”形成的断点。虽然树木在时间流逝中从容不迫地平稳生长，但有时它也会受伤。它那些极美的、闪耀着光芒的花也许仅在一个寒冷的霜冻之夜过后就会不复存在。又或者，它那看似会永世长存的树干也许在某次世纪性大暴雨过后就会被折成两半，低垂于地面。

漫长的时间对树来说似乎并不是一种负担和打击，因为这种“多元集合式存在”的抗打击能力是如此之强，哪怕是受到了病原体、火灾或锯木机的打击破坏，它也仍旧可以顽强地重新生

[1] 可以把第一种时间形式，即线性无终止性延伸看作穿过螺旋结构的无形中轴线，螺旋线本身构成有“反复性、周期性”意味的第二种时间形式，截断螺旋线的断点则是充满不确定性的第三种时间形式。

长。基于其外延性，树木依光而生[1]，此外，树木拥有相当丰富的分生组织，这些分生组织在不断地进行细胞的分裂和再生，永远都不会衰老，因此树木就与漫漫的时间长河融为一体了，与此同时它也融入空间中，进行自身的更新再生。于是，在同时间与空间的融合中，树木塑造形成了自身形态。树木那些在地下和空中进行探索的分枝、弯曲的枝杈及涡纹状的树冠不就是对树木生命历史以及漫漫时间在它身上留下印记进行的生动美化吗？除此之外，树木的这些特征又能有什么其他含义呢？

周期性的时间形式则要求植物进行永恒的重复再生，而且，植物的一些外在生理表现总是短暂的，在下一个季节来临前就已经被毁坏了。比如，植物的叶子、花和果实在一定的季节来临之前就会消失，几乎不留任何痕迹，它们只能消逝，被抛弃在植物的生命循环周期之外，成为过去时。人类就是利用这种时间形式对植物加以控制的。比如，一个园艺家可以通过控制照明时间来决定温室中植物的开花日期。也就是说，农业生产者可以利用植物对这种周期性时间形式的遵守与服从，通过一些人为方法改变这种周期性来控制植物，他们就像时间的雕刻师一样。

最后要讨论的是混乱无序的时间形式，这种时间形式会摧残植物体，有时将它连根拔起，例如，下冰雹毁坏其叶子、折断树枝，每次都会造成不可磨灭的影响。这是一种过分、极端且难以

[1] 光是相对持久且稳定的能量来源，有利于树木接受漫长时间的洗礼。

预料的时间形式。当然了，植物体有足够的抗打击能力去承受这种时间形式所带来的大部分灾难性影响，并且经常在它自己的残骸上再生。但这种再生能力的前提是，此种时间形式造成的灾难性影响要在一定的强度界限以内，一旦超过这个强度界限，植物就会死亡。植物会去适应这种混乱无序的时间形式，但与其适应前两种时间形式相反，在这一适应过程中，它并不会恢复到其初始姿态，它留下的只有灾难带来的伤疤。

植物的进化时间观

第四种时间观形式也正是见证植物创造性的时间观。由于植物体融于漫漫的时间长河中，因此它也同样融入了物种代代延续的时间长流中，在这一过程中，它们不断进行自身的“再塑造”以更好地适应其生存环境。这种进化可以通过一个普遍趋势体现出来，即花序轴的缩短化趋势，以及由此带来的花序的收缩化趋势（这就使得雏菊可以在每个花轴上只开出一朵花，即头状花序单生）、花的各部分结构环绕状分布所带来的花结构的浓缩化趋势，花瓣和萼片数量减少及相互连接日益紧密的趋势。

植物在漫漫时间长河中越来越复杂化、集中化，似乎它生来就是为了见证它的各个部分是如何日益紧密地集合在一起的。比如，现存植物比它们的远古祖先更为普遍地表现出了“花的雌雄同体”这一特征，现存植物中有 75% 的植物可以开出双性花。还有一个假设认为植物的叶子是那些像肋骨一样排列的叶轴收缩的产物。此外，种子本身也就是一个较晚出现的收缩化机体，所有的一年生植物都是以这种收缩化机体的形式度过冬天的。此处，引用柏拉图的哲学术语，应该是有一种普遍“理念”影响了植物，一种普遍趋势使植物在复杂化的同时其外在结构却日益精简化。

在生生不息的进化川流中，植物很轻易地就将它过去的结构沉于水底，弃之不顾。如果大部分植物都是雌雄同株的，那么在理论上植物就可以进行自花受精，这种机制更有利于植物进行植物的交配及遗传混合。由于植物没有像动物那样界限分明的生殖系统，因此就更能将一些进化创新传给其后代，比如它可以通过体细胞突变或同源多倍体变异来实现这一点。植物这些进化意义上的变化都是迅速而深刻的，在这些变化中我们看不到一丝旧形式的痕迹。实际上树木的进化就几乎没有恪守其

雏菊

亲代特征，它身上体现出来的也只是最新近的性状变化而已。哈雷·弗朗西斯说过一句优美的格言："植物全身心地投入到对当下生活的适应中，并没有保留太多其先辈的影子。"黑格尔也曾说过，植物的生命力"仅存在于当下，在即刻"。毋庸置疑，植物与时间之间保持的关系是一种极特别的关系。

留下时间的印记

认为树木的外在形象就是树木对其生命史的自动存档，是与它的“记忆”融于一体的，这种思想就是在玩文字游戏。并非树木身上所有的痕迹都是它的记忆，况且，树木也不大可能把它的记忆记录、归档形成档案。同样，我们也不应该在那些象征符号上做文章，比如认为勿忘草（法语 myosotis）象征着回忆，它的名字在很多语言［如德语、英语、丹麦语、西班牙语、意大利语、荷兰语、波兰语、罗马尼亚语，以及其他语言（但不包括法语）］中都是相同的，即“不要忘记我”。不要曲解了“记忆”的含义，也不要把“记忆”和过去所留下的印记混淆，因为正如亨利·柏格森所说的，过去“吞噬着未来，在前行中日益膨胀、壮大[1]”。

生物学家安东尼·特鲁瓦斯观察到，植物细胞间所有信息传递都会给植物留下印记，这种印记会影响改变接下来的信号传递，影响时间长达几秒钟或几个月不等。他把“印记”和“记忆”胡乱等同化了，并且认为只有拥有学习能力（类似于从所发生的事中吸取经验教训）才能有记忆，因此，他推断植物表现出了智能。对我们来说，这种研究方法似乎更像是一种通过从一个词跳到另一个词的方法来跨过困惑浅滩的艺术，而不是一种科学理性论证的艺术。

让我们从相反的方向来思考这个问题，从我们对植物已了解的方面出发。毫无疑问，敏感性是先于植物对过去的记忆的。因为，要想记住一些东西，实际上需要自己先感知现在，收集一些现在的情况，然后再把这些情况保留在记忆中。当然，植物对光远比我们人类敏感得多，因此可以感知很多东西。除此之外，由于植物是融于时间长河中的，因此它必然可以在漫漫时间长河中留下一些时间带给它的印记。那么，植物就可以拥有一种不仅仅是基因方面的记忆，而且是个体化的、私密的，可以将过去作为过去本身识别出来的记忆了吗？我们所希望看到的隐藏在植物体内的记忆，会比植物细胞通过机制尚不明确的化学转导从刺激感

[1] 过去是随着时间的流逝逐渐积累的，一点一点地，曾经的未来都会变成过去，过去自己记录自己，而不是靠记忆去记录过去，所以过去留下的印记并不是记忆。

知中得到的那些简单信息高等吗？此外，若想拥有“过去”及“未来”，难道不应该拥有正面和后背、不应该拥有“我来的地方”及“我要去的地方”，不应该拥有一种移动的能力吗？最后一点，对于一种无限持续生长的生命体、一种生理进程从未全然中止的生命体、一种“自己”有时会和“他人”混为一体的生命体、一种“个体”并不是真正数量为一的生命体，一种空间界限看上去并不明晰的生命体来说，记忆能是什么样的呢？这些问题的形而上学性大于科学性，但它们使我们意识到，赋予植物“记忆”是一种很冒险的行为。

诚然，神经系统的存在并不意味着记忆的存在。然而马萨诸塞州的一所大学在 2013 年发表的一项关于水蛭的实验报告却得到了与上述观点相悖的实验结果。那些被去掉头部的水蛭可以从成体未分化细胞（即可以转化形成其他类型细胞的全能细胞）中重新长出头，且保留了在头部被破坏前所获得的习得记忆。这就证明了记忆可以被储存在大脑以外的地方，至少对于水蛭来说是这样。那么，植物难道不会也是这样吗？

此外，安东尼·特鲁瓦斯还观察到，动物免疫系统的记忆也不从属于神经系统。然而在此处，我们又陷入了“记忆”这一词的双重性之中。免疫记忆和我们日常所说记忆的含义不同，我们日常所说的记忆指的是一种产生过去某种意识状态的能力。不过，谈论过去意识状态在水蛭、淋巴细胞及植物细胞中的重新再生倒是显得颇具思辨性。虽然特鲁瓦斯将记忆定义为“获得过去经验的能力”，但是他提供的那些用来证明植物记忆的例子所表现出来的更多是一些过去刺激所留下的印记，这些印记会通过机械或化学渠道改变植物在应对新刺激时的反应行为，但这些印记并不是真正意义上的“记忆”。

生物学家理查德·甘恩则在他的《植物的感知与通信》一书中进行了更为谨慎的思考。他引用了达尔文所观察到的例子：金丝雀虉草的子叶在初次见光时的弯曲程度决定了它第二次见光时的弯曲程度。他同样也提到了，随着害虫和病原体的不断入侵，植物在应对二者时做出的反应会日益熟练化、高效化。但他并未因此就认为这些就是植物记忆的表现。实际上，他更为客观、公正地承认：在这些各种各样的所谓“植物记忆”的表现中，存在着信号转录为信息的过程，这些信息在其效用结束后才会消失，但它们却在自己发挥作用的途中留下了印记。我们不要使自己在“动物中心主义”观点的引导下为植物戴上一张本不属于它们的面具，那并不是植物本身的样子。植物记忆充其量也就只是动物记忆的一个隐喻罢了。

探寻植物的记忆

然而，如果植物没有记忆且不能识别出过去，那么这就意味着它也不具备调动那些在已发生过的事件中所收集、掌握的一连串信息的能力了吗？这个问题看上去似乎颇有讨论“植物记忆”之嫌，尽管植物并不真正具有记忆，不过这一问题也是值得我们去研究的，因为植物确实有存储信息的能力。

20 世纪 50 年代初，哈利·博斯威克观察到植物可以“记住”它们最近一次感知到的颜色。通常情况下，鸢尾花在漫长的黑夜中是不会开放的，但当它被红光短暂照射之后就可以在夜间开放了。如果在其被红光照射开放之后我们立即将其置于远红光照射下，那么它的花就会闭合，就好像是它已经“忘了”之前的红光照射一样。若想使其重新开放，只需再次将其置于红光的照射之下。因此，植物是针对其最新接收到的信息做出反应的。我们可以由此进一步推断，认为植物忘了它之前所感知到的那些信号，然而这个推断似乎有点离谱，但事实并非如此。如果我们也可以察觉到早上的第一束光是红光，晚上的最后一束光是远红光的话，我们一定会欢欣鼓舞。对于植物来说，红光昭示着白天的到来，远红光则宣告着夜晚的降临。植物在不断进化中拥有了对这种信号做出解释及做出相应反应的能力，这一能力本身就足够令人赞叹，因为它可以使植物不必再被“遗忘的戏码”所困扰，不必时刻警惕自己是不是在“遗忘”。对红光与远红光的反应已成了一种重复多次、几近本能的行为，不是因为植物“遗忘了之前感知的红光”，而是因为其“本能性地对眼前的远红光做出反应”。

鸢尾花

此外，我们已经提到过捕蝇草叶子的闭合现象。仅刺激叶片内部的一根腺毛还不足以使叶子闭合，还需要在 20 秒之内再触碰另一根腺毛才可以使叶子最终闭合。因此有人假设：捕蝇草叶子记录下了第一个刺激以使自己只在第二个刺激产生时才启动叶片的闭合机制。这不就是植物记忆拥有持续性并会对后续反应产生影响的证明吗？波恩大学的生物学家迪特尔·霍迪克和安德烈亚斯·西弗斯观察到，实际上对腺毛的触碰会引发在细胞间传递的电势。这种电荷的产生是由钙离子浓度短暂上升导致的，在20多秒之后其浓度又会开始下降。因此捕蝇草叶子的闭合与记忆存储没有任何关系。如果在这20几秒之内（即钙离子浓度还没开始下降之前）有第二根腺毛被触碰到，那么钙离子的浓度会再一次上升，最终超过引发叶片闭合所要求的钙离子浓度值，使叶片闭合。

我们也需要参考一下20世纪60年代捷克生物学家鲁道夫·多斯特尔所做的一系列实验，几年之后克莱蒙费朗大学的奥迪尔·德比耶又继续研究了这些实验，之后蒙圣埃尼昂科学院的米歇尔·泰利耶也对这些实验进行了进一步研究。根据多斯特尔的实验结果，除去藤本植物幼苗的顶芽会使位于子叶以上的侧芽迅速生长。这是因为，除去了顶芽，顶芽的顶端优势就不复存在了。奥迪尔对鬼针草的幼苗进行研究，也得到了同样的结果，但她同时也发现其两片子叶顶芽被去除后所做出的反应有潜在的不对称性。她首先对两片子叶中的一片用针进行穿刺，两三分钟后把两片子叶全部切除，过了几天之后，顶芽也被去除了。在那些实验幼苗中，有一半幼苗的侧芽在顶芽去除后获得了迅速生长，但不是所有侧芽都如此，只有那些与没被针刺伤的子叶同侧的侧芽得到了迅速生长。

后来米歇尔·泰利耶又继续改进这一实验，将针刺与去除顶芽之间的时间间隔调整到1～15天不等，结果并未改变。在这一实验中所发生的一切是如此奇异，就好像是幼苗保留了针刺的记忆一样。于是他更进一步认为这一现象意味着幼苗记录下了它曾经遭受的“摧残”，存储了这一信息，后来顶芽一被去除，幼苗就立刻想起了它储存的信息（它“记得”被针刺的痛苦，因此故意避开那个方向生长，只在没被针刺的子叶那一侧生长侧芽）。毫无疑问，它把过去发生的事融入到对新事件所做出的反应中了，过去的事影响了它对新事件的决断与反应。但它真的“记得”吗？也许审慎一点，做出如下结论比较好：植物幼苗以信息的形式保留了曾经伤口的印记，这一信息可以持续保留15天，并且可以对去除顶芽时所产生的其他信息形成干预影响，这些信息综合作用，就造成了这种子叶反应的不对称性。

同样，我们也可以倾向于认为冬小麦“回想起”了一件过去发生的事，即它在冬天所遭受的严寒，于是决定在春天温暖的时候开花。正是这种对“记忆”的激活，这种对过去信息的唤醒，才使冬小麦能在合适的气候条件下开花。然而实际上，这是因为冬季的持续低温钝化了冬小麦控制开花的基因，抑制了开花。这与记忆无关。此外，芭芭拉·霍恩还指出，植物体在应对压力、病原体侵袭或紫外线照射时会做出与它们的亲代相同的反应。这些后代“记得”它们的祖先所面对的压力刺激。实际上，这一现象是一种表观遗传调节发挥作用的结果，这种调节与环境对植物基因表达所造成的影响有关，人们一定是误解了它的机制，它的机制不涉及任何记忆的介入，如果有记忆介入，也只能是“进化记忆[1]”。

[1] 即亲代植物把这些反应传给了后代。

杨树会遗忘吗？

植物有时会以出其不意的方式去应对那些重复出现的刺激。从进化的角度来讲，只对异常刺激做出反应，对普通刺激保持麻木态度对植物是有利的。然而植物可以做出这种区分吗？植物可以区分异常刺激与普通刺激吗？2010年，克莱蒙费朗的布莱兹·帕斯卡大学的生物学家团队发现3周大的杨树幼苗具有丧失对风的敏感性的能力。在实验中，科学家们对杨树幼苗进行弯曲操作以模拟出风的效果，意料之中的是，杨树幼苗的茎发生了弯曲，然后又恢复了直立。然而当他们紧接着进行第二次弯曲操作时，幼苗并未做出同样的反应（保持弯曲且未恢复直立），就好像是它们“忘了”之前的刺激，也“忘了”它们刚刚对此做出的反应。这就意味着，杨树幼苗习惯了这种被某种不断更新且频繁出现的刺激所支配着的环境，并且选择了顺从这种刺激而不是抵抗，就像羸弱的芦苇所做的那样。但这一过程被证实是可逆的：如果在此之后，该环境可以保持5～10天的平静无风状态，这些杨树幼苗又会重新拥有对风的敏感性，在下一次有风的时候还会先弯曲，然后再恢复直立。它们似乎使自己的敏感性适应了这种刺激发生的时间及频率。我们当然可以再一次冒险地把前一个实验解释为“记忆”使然，后一个实验看作“记忆钝化”的结果，即一种形式的短暂性遗忘。于是，我们又第无数次混淆了“印记”和“记忆”。

澳大利亚学者莫妮卡·加利亚诺也对这种植物的习惯化[1]表现出了同样的兴趣。这里有必要说明一下，她在加入斯特凡诺·曼库索在佛罗伦萨的实验室之前是研究动物的生态学家，因此她把研究动物行为学时所提出的一些想法用到了植物研究中。对于动物来说，习惯性就像过滤器一样，可以使其将重要刺激与周围简单的噪音喧嚣区分开来。探究植物体中存在“习惯化”的可能性，这并不是一个荒谬的研究课题，“习惯化”正是莫妮卡·加利亚诺所要求使用的术语，因为她认为：“如果我们不用同样的术语去描绘动物和植物所做出的相同行为，那么我们如何

[1] 刺激重复发生而没有任何有意思的结果致使个体对这种刺激（如警报、防御、攻击）的自发反应减弱或消失的现象。改变刺激的形式或结果，可能使习惯化了的反应重新发生。

能进行对比研究呢？”

这个行为主义研究者对那著名的含羞草尤其感兴趣。让我们来回忆一下，这种植物在我们轻触它时会合上叶子，当我们给予其冲击时它也会合上叶子。莫妮卡·加利亚诺将那些盆生含羞草从 15 厘米的高度投至地面，连续 60 次，每次间隔 5～10 秒。当然了，花盆的材质为不易碎材质。她观察到，起初含羞草全都合上了叶子，但从第四次或第五次下落开始，有些含羞草张开了叶子。60 次冲击结束之后，所有的含羞草都张开了叶子。拉马克的年轻助手奥古斯丁·彼拉姆斯·德堪多[1]也观察到了相似的结果。他发现被装在小推车里在崎岖的石砖路面上运输的含羞草先是合上了它们的小叶，但很快又打开了。这所发生的一切就好像是含羞草学会了忽视那些不会带来危险的虚假进攻一样。

莫妮卡·加利亚诺在 68 天之后又重复了这一空投操作，然而含羞草仍然对下落冲击保持着无动于衷。她认为这是学习的一种形式，建立在遗忘（遗忘自己的敏感性）的基础上。这个实验的结果在 2013 年年末被刊在《生态学》这本杂志上，其题目一目了然，观点指向性明确：植物可以从经验中习得如何更快速地学习及更缓慢地遗忘（对所习得经验的遗忘），以满足环境的需要。

不过在这个问题上，与其说“习惯化”甚至“去敏感化”是含糊的，是未必存在的植物记忆使然，不如把它看作由一些生物

[1] 奥古斯丁·彼拉姆斯·德堪多（1778—1841），瑞士植物学家。

化学性质的变化所造成的结果比较客观、公正。但是，在此处说植物会遗忘就有点过分了。诚然，人们可以认为大脑并不是进行学习所必需的器官，在植物体内，也许存在“别的东西”，就像水蛭体内存在的东西那样，使植物进行记忆。然而，综合我们刚刚进行的一切讨论来看，没有任何证据能够支持我们以客观的态度承认：植物可以进行记忆与遗忘。

植物的昼夜节律

天体运动影响了地球上季节的变化及光的变化，植物依据天体运动的节律进行生命活动，因而其生活具有节奏性。但是，每株植物内部也存在其固有的律动——隐秘而深刻的律动，一种绝对的时间参照，像自动机一样永恒且忠诚精准的参照。我们在之前已经提到过光周期现象，即昼夜相对长度的变化对植物产生影响的现象。光周期植物可以衡量出现实昼夜长短与其内在标准（即植物自身的时间参照、衡量时间的方式）的差异，这个内在标准是由“生物钟”决定的，并且也是由这个“生物钟”产生了植物的昼夜节律。有些植物被称为“短日照植物”，比如蛇麻（又称作啤酒花），这类植物只需要当日照时间高于 5 或 6 小时

（最低营养时间值）时才会开放。“长日照植物”开花则需要其日照时间长于临界日长。比如烟草或菠菜就需要12～14个小时的日照时间才能诱导其花的开放。所有受光周期影响的植物都是以一种内在节律周期为参照的。这种内在节律周期与昼夜交替周期之间的差异决定了植物的开花与否。

人们把植物内在节律的发现归功于奥古斯丁·彼拉姆斯·德堪多，他发现植物的这种内在节律的周期要比24小时略高一点（和外界环境的昼夜交替周期并不完全重合，植物有其固有

蛇麻

的内在周期节律）。1935年，德国生物学家埃尔温·宾宁（1906—1990）观察到四季豆的叶子会根据一种可遗传的节奏进行摆动，因此这种摆动行为取决于基因因素[1]。他还发现只有当日常光照条件与四季豆光敏感性的内在节奏相符合时，四季豆才会开花。在这24小时的周期内，植物的喜光阶段与厌光阶段交替进行。这种交替与光受体（光敏素）的转化有关，即光敏素从吸收红光时的钝化形式转为吸收远红光的活化形式。植物利用这种交替来判断自身内在节奏中的某一时刻（即按照其自身时间衡量计算方法中的某一时刻）究竟是对应外在环境的白天抑或黑夜。

四季豆

同样，种子萌发具有季节性的特点，这不仅取决于诸如温度或湿度之类的外部因素，也取决于种子自身。弗朗什－孔泰大学的植物生物学教授伯纳德·米耶发现，在气候变量保持不变的前提下（即在不同月份播种时，为种子创造相同的周围气候条

[1]　埃尔温·宾宁在实验中将四季豆在全暗环境中放置24小时，在此期间不存在昼夜节律的影响，然而其叶片却进行了摆动，故而他推断这是基因使然。

件），蔓性四季豆在播种3天后即萌发的种子占种子总数的百分比，根据其播种月份的不同存在着巨大差异。在冬天播种的种子在3天内萌发的比率为2%，而在夏天播种的种子该比率则高达95%。也许种子的最终萌发率在全年各个月份都一样，然而其萌发的速度却是随季节而变化的，这就说明种子有自己的时间组织形式[1]。此外，植物体的块茎形成（即营养物质的储存与积累）、花期、叶子或树皮的脱落，以及植物的生长也都体现出了类似的节律性现象。

实际上，植物的生长一点都不规律。它的生长是分阶段集中进行的，而且其节奏本质上是具有内在性的，是由植物体本身决定的。这种生长不仅是季节性的，还是“季中季”的，某个季节内部不同月份的不同时段植物生长状态也会不同。比如橡树在四月到八月之间就有三个生长阶段。第一阶段是四月和五月，为冬季休眠之后的重新恢复生长时期；第二阶段是六月末；第三阶段则是在八月十五日之前的那几天，然后从九月份开始，橡树停止生长。如果我们把橡树苗放置在温度、湿度始终不变的环境里，那么它们全年都会进行这种阶段集中性生长，并不会因为处于稳定不变的环境条件中就进行稳定持续的生长。因此植物体内存在着衡量时间的内在机制，但这个机制也要依

[1] 气候要素保持不变的情况下，不同季节对种子来说都是一样的，然而萌发速度却体现出了季节差异性，这就说明种子有自己衡量时间的标准。

赖于外部因素，通过对外部因素的判断掌握使内、外因素达到同步，和谐统一。这种内、外时间观上的调整配合关系到植物体的所有组织及生理功能的运转。而农民的智慧就在于，他们可以采取一些措施，巧妙地影响这两种时间观的相互适应，由此，他们就可以从中获取最大利益。

月亮的周期节律对植物的影响

植物通常对光周期现象是很敏感的，因此它们对地球相对于太阳所处的位置也很敏感。但除此之外，植物对月亮的周期性也具有敏感性。

瑞士生物学家恩斯特·祖格尔在 1998 年确认了这种敏感性，然而早在 2000 多年前世界上所有的农民就已经知道这一点了。恩斯特·祖格尔发现，排除其他一切因素的影响，欧洲云杉的树干表现出了一种以月的日周期（24 小时 49 分）和月周期（29.5 天）为依托的节律性波动。其树干直径的节律性波动与潮汐的周期变化是同步的。只要树木处于有生命状态，其树干直径会一直进行这种与月潮汐周期同步的节律性波动。由此可见，月亮与地球和太阳相对位置对植物的影响是很密切的。但植物并不是受到月亮周期影响的唯一生命体，因为人的昼夜节律与月亮的周期节律之间也有很大的相似性，人也受到了月亮的影响。

木艺工匠们也同样明白，树木的时间与月亮的时间是紧密联系在一起的。因此在一些文化传统中，砍伐和焚烧树木的日期要根据农历时间来定。此外，法国谚语“月满时木软，月亏时木硬”就很好地描述了这种时间关联性。在路易十四统治时期，大臣柯尔贝尔（1619—1683）规定：出于航海目的进行的伐木活动需在月亮升起时进行，因为此时“树液比较有力量”（即树干汁液含量比较大）。祖格尔认为，木的干燥性不是由树干或树枝中水含量的高低决定的，而是取决于组成木的组织的细胞壁与水之间拉力的大小，而这种拉力则是完全要受月亮周期波动的影响。很久很久以前，古罗马学者老普林尼就建议我们在满月之前采摘那些待售的果实，因为此时果实比较重（满月时果实水分含量比较大）。而相应地，如果是自己食用的水果则可以在新月时采摘，因为此时的果实比较容易存放，可以储存很长时间。

休眠——逃避时间的良方

植物虽然不能在空间中进行移动，却可以在时间中进行“跳跃”，跳过那些对它生长不利的时期。于是，植物进入了休眠状态，这是植物适应性的一种表现形式，它可以使植物在极端环境的限制条件下合理应对那些风险及不确定性。即使在这些不利时期中出现了短暂性的对植物有利的温度及湿度条件，植物也会保持其休眠状态。

种子的休眠状态与植物根和顶端分生组织的休眠是一致的。这种休眠状态可以使种子根据外部信号做出判断，当周围环境对其有利时再萌发，因为其实萌芽时期是植物最脆弱的时期，所以种子需要对周围环境条件持谨慎态度。外部信号包括：突如其来的阳光照射、气温回暖、土壤中硝酸盐含量上升、乙烯的释放等，甚至对于某些耐火植物来说，检测到周围环境中有构成烟的化合物也是一种信号。某些植物的种子会在过冬的同时记录寒冷的天数，一旦这个天数超过了寒冷天数临界值（即不久之后就会回暖），种子就会萌发。对于含羞草科植物而言，其种子在土壤中休眠十几年之后仍具有萌发能力，而某些金合欢属植物（比如黑荆）甚至在 100 年后还可以萌发。

以色列和瑞士研究人员在 2008 年成功使一颗 2000 年前的椰枣种子发芽了。他们在死海沿岸的马萨达堡垒中进行挖掘工作时发现了这颗椰枣种子。这颗种子刷新了世界纪录，之前的纪录保持者是一颗莲花种子，这颗莲花种子埋藏于中国辽宁省一处干涸湖泊的河床下长达 1300 年之久，但它仍保持了萌发的能力。

种子通常会在周围环境条件因时间变化而呈现出显著差异性的环境中休眠，比如季节循环引发的温度和湿度条件的显著变化，或是与其生长密切相关的日照周期循环。休眠是种子对温带地区暖冬（对有些种子来说，湿热环境不利于萌发，需要低温来打破休眠状态）或干旱地区（干旱会抑制种子的生物活动）的适应性表现。在法国，当种子由于受到种皮或胚的影响而陷入休眠时，总是需要冬天的冷湿气候才能解除这种休眠。因此，苗木培育人员会对某些果树的种子进行低温层积处理以使其萌发。比如，为了使桃树种子不通过冬天就解除休眠期，他们会把桃子的果核埋在低温（2℃～5℃）湿沙中，这一过程要持续几周。然而，种子在潮湿的密林中却并不经常休眠，这是因为当种子因缺乏光照而进入休眠时，若遮挡其光源的障碍物突然消失，那么它的休眠就会被解除。原伞木就是这样，当一些大树倒下后，它们埋藏在土壤中的种子就会萌发，迅速占领那些树留下的所有空隙，吸收光照。

同样地，树木的芽在气温过高的情况下或一种更为常见的情况（即日长变短）下也会进入休眠。生长抑制剂会在叶子中积累，而与此同时，运往根部的生长激素（比如赤霉素、细胞分裂素）的生成量会减少，脱落酸的浓度则会上升。脱落酸会抑制植物生长，促使芽进入休眠期，是起主要作用的物质。该休眠期只有在经过了漫长的寒冷时期后才会结束。于是，芽进入了休眠状态。也许在生长抑制剂的作用消失之后，处于休眠状态的芽会进行生理上的生长（即一些内部生理结构的完善和生长），而只有当温度回升且日常光照充足时，芽才会萌发。

树木的地上部分和其地下部分并不是同步生长的。与地上部分相反，树的根系没有芽，也不会在冬季进行休眠。土壤不会受到季节性温度变化的影响，尤其是深处的土壤，这就使得根系可以在冬天继续保持生长，比如，很多温带植物的根系可以在2℃～4℃的温度环境中生长。

但是，在我们人类眼中，逃避时间即战胜死亡。在一些热带地区国家，人们经常用缅栀花[1]来装饰坟墓。在繁复的枝条上绚烂地开着，它们似乎是永恒的。人们把这种花放置在坟墓周围，认为这样死者就可以像这些花一样得到永生。有时，人们也会在坟墓间种植缅栀花树，因为他们希望可以把缅栀花树根系的永恒生命力赋予死者的肉身，于是死者最终就会得到永生，升入天堂。

缅栀花

[1] 缅栀花，别称鸡蛋花、番仔花。

植物睡眠的外在表现

“植物休眠”是植物逃离时间的一种方式，让人惊讶的是植物还存在另一种与之相似的逃离方式，即“植物睡眠”。林奈是首位研究“植物睡眠”（此术语也由他提出）的人，他在1775年出版了一本与之相关的书，并将此书直接命名为《植物睡眠》。然而他主要是以描述的方法进行研究的，即描绘出某些植物叶子在夜间的不同位置变化，尤其是鸟足三叶草（百脉根）。

林奈描述了这种植物在白天处于舒展状态的小叶是如何在夜晚来临时向花聚拢的，于是这种聚拢行为就将花隐藏起来了，直到早晨花才会重新“出现”，在花隐蔽起来的同时，花梗会略微倾斜，小枝下垂至地面。不过，这本书在不久之后失传了。

让－亨利·法布尔也对这一现象很感兴趣，但他认为植物并没有真正意义上的睡眠行为，这种“睡眠”只不过是“很多植物体的叶子在夜间所保持的一种姿态，一种与白天舒展姿态截然不同的姿态”。他观察到，每种植物都有与众不同的、自己独有的“睡眠”方式，但形态大体相同，即叶子在夜间会恢复到它还是芽时的闭合聚拢姿态。

同时，他还恰如其分地指出，植物的睡眠姿势与动物的姿势相反，从来都不是一种放松的姿势。他说，处于睡眠状态中的叶子会摆出那些被强迫摆出的且很难保持下去的姿势。实际上，这种睡眠行为只能在那些叶子比较灵活的植物，尤其是复叶植物的植物体中体现出来。因此，这种“睡眠”行为其实只是叶子的姿势在夜间的变化行为而已，并没有太多的隐含意义。此外，由于植物根本没有神经系统，所以此处的“睡眠”和动物的睡眠行为一点儿联系也没有。法布尔对此也总结道：“动物睡眠与植物睡眠之间，唯一的共同之处也许就是它们的名字了。”

植物钟对人类的影响

最后，就像我们在本章节最初就已经隐约感觉到的那样，植物的时间观也是农民或园林工人的时间观，对他们来说，日、季节、年的流逝都因此而具有了节律性。

“季节”（法语 saison）一词本身源于拉丁语“serere”，有“播种”之意。在农时中，季节与植物生命周期是相互融合的。因此，法国共和历的编写人员在编日历时特地将与农事活动有关的月份区分出来，将季节月份与植物生长活动联系在一起。比如，适宜播种的月份被称为“芽月”（3 月 21 日—4 月 19 日），植物开花比较集中的月份被称为“花月”（4 月 20 日—5 月 19 日），收割牧草的月份被称为“牧月”（5 月 20 日—6 月 18 日），收获粮食的月份（6

月 19 日—7 月 18 日），收获夏季果实的月份（8 月 18 日—9 月 21 日），以及收获葡萄的月份（9 月 22 日—10 月 21 日）。这种植物时间观使人类的时间变得更加厚重而富有灵动与生机。被人类耕种的土地充满了浸透着汗水的回忆及对未来的美好期许，充满了富有波动节律性的生命律动——植物的萌发与死亡，但更重要的是，它见证了人类的时间观与宇宙的时间观紧密交融、和谐统一。

米歇·翁福雷对这种农业地域中体现出来的双重性时间观做出了一个极美的评价："农事，本为自然天地之规律变化使然，为自然规律所约束，然终由人类所定；人，顺应植物之水钟，以眼观之，以耳听之，待其水流滴滴下落，方可知其生命活动之精准周期，窥其内在规律；五谷蕃熟，穰穰满家，计日可待。由此可见，人智与自然之和谐统一实为五谷丰登、岁物丰成之必需。"

不知是出于科学性公理，抑或仅是富有诗意的情感宣泄，加斯东·巴舍拉也曾说过这样一句话："树是一种极其富于节律性的生命存在，一种真正于岁月流逝中保持其自身生命节奏的生命存在。"事实上，当代都市人对树木"生物钟"的关注程度已经到了疯狂的地步。最近，在一个关于气候变化的广播节目中，人们谈道，在法国，现在植物幼芽的萌发要比 20 世纪 60 年代早 1～2 周。于是一个记者问道："既然植物萌发得早了，难道不应该因此把春天的官方界定日期提前吗？"这当中他忘了季节的更替是由太阳与赤道地平面的相对位置决定的，固执地相信我们那根深蒂固的信条：树木决定着春天的到来。

共生

植物是信号专家。它们可以将信息从其自身的一部分传到另一部分，从一株植物体传给另一株植物体，有时甚至会传给不同种的植物。然而，除此之外，它们也有一箩筐的方法来从植物界以外的生命体身上攫取利益以促进自己生长。与植物相比，动物之间的相互利用方式要简单、纯粹得多。动物之间的关系形式就只有回避、容忍、竞争、捕食或寄生而已。与之相反，植物就会以极其巧妙的方式对其他生命体加以利用，甚至会将其作为自己肆意生长的领地疆域，于是植物渐渐隐去了自身与外界的界限，其“内部”与“外部”不再有分别。

英国生物学家阿伦·雷纳曾说过一句很惊人的话：“一棵树从来都不会是一个单独的个体。”植物的外化于形从来都不仅局限于其自身，它会使自己外化到其他生命存在的身上，因为植物具有共生的本质与天性。植物体会利用其他生物机体作为自身的替代抑或补充加强，以拓展其获取特殊营养物质资源的渠道，增强自身的运动性、灵活性，以确保繁殖的顺利进行，或是使自己在应对食草捕食者时不至于那么脆弱而孤立无援。因此，一直以来，植物体都是依赖外界生长的。由是，在这一点上，我们应该赞同黑格尔所说的，“植物体一直不停地向其外界屈服，依赖于外界，因此，植物体丧失了它的内在性”。

植物在被环境塑造、影响的同时也会反过来塑造、影响环境。当然，一切生命存在都处于去中心化的状态，不会固定在一个点，而是不断地向其周围环境扩展、延伸生长。奥古斯特·孔德认为：“周围环境是无法改变、影响生物体的，除非生物体也反过来对环境施加同等的影响”。

乔治·冈圭朗则明确指出：“生命体（主要指动物）在进行外胚层发育时还是具有个体性的，然而这种个体性并不比它处于细胞状态时的个体性强。”（即生命体在慢慢褪去其个体性的特征）而植物在褪去个体性方面则更甚，它会影响微气候环境、为动物提供食物来源，影响土壤的成分。迈克尔·马尔德写道：“植物与环境之间的相互影响、相互作用是如此之强，以至于我们根本不能把植物从它的环境中剥离出来。”植物与环境紧密结合，相互依存，共同筑成了一个实体。从那些“传播者”任性妄为地把处于种子状态的植物带到某一片土地上开始，这片土地就成了植物此生的栖息地之所在，植物毫无怨言地扎根于此，尽管这并不是它本身的选择，它却决意要与这片土地融为一体，生根发芽，编织出自己生命的形态。繁茂之树上接穹顶，恍若扎根于天际，无限连绵生长，由是，它本身已为苍穹。

基于植物向周围环境的无限延伸性，植物这种更广袤抽象意义上的重心与植物实体的重心实际上是脱节的，它似乎并不属于植物[1]。从严格的生物学意义上来讲，“共生”这个我们频繁使用的词，只适用于形容不同物种生物体之间那种紧密、持久稳定且互利的关系。比如，地衣就是藻类和真菌进行生物意义上的共生的产物。然而，若还是从比较严格的意义上来讲，昆虫帮助花传粉这一行为与其说是一种共生关系，不如说是一种以暂时性互利共赢为目的而进行的纯粹的互利互助行为（不是一种持久稳定的互利关系，双方只能暂时性地便利彼此而已，很短暂）。而在本章中，我们所讨论的“共生”仅限于词源意义上“共生”，这可以使我们从更宽泛、广义的角度理解共生，把它理解成“共同生活”，抑或是“超越自身生理实际轮廓而进行的生活[2]”。植物与其他生命存在之间就是这样一种共生关系。

这个章节虽然简短，但它会让那些仍旧对植物共生行为存在着质疑的人相信，达尔文极力推崇的那种在生命体之间广泛存在着的“生存竞争”关系，这种被视为生物进化和发展的“发动机”的生物关系，对植物来说充其量是“第二发动机”而已。

---

[1] 植物在空间中无限延伸扩展，周围环境甚至可以看作构成植物本身的一部分，因此植物体的轮廓并不清晰、界限并不分明，植物体从某种意义上来说更像是一个抽象且广袤的存在，这个存在的重心也许并不位于植物实体身上。

[2] 例如，植物在空间中无限拓展就超越了它的实体轮廓，与其周围环境实现了“共生”。

固氮细菌

植物从很久以前就开始发展与其他生物的共生关系了，而且表现出了极大的天赋。原始细胞与可进行光合作用的氰基细菌之间的共生出现在 16 亿年前，这是植物最古老的共生形式之一。这些氰基细菌后来演化成了叶绿体，而原始细胞也演化成了植物细胞。大约 9 亿年前，同上一个例子一样，一些紫红色的细菌被原始细胞吸收，形成共生关系，后来这些细菌变成了线粒体，负责细胞内的能量转化，生成化学能。紫红色细菌和氰基细菌，分别演化成了线粒体和叶绿体，它们认为植物细胞是一个稳定的且有利于自身生存发展的地方。于是，它们继续在植物细胞内存活下去并且独立自主地进行分裂，不受细胞分裂或有丝分裂的影响。

然而植物在共生方面的天赋还远远不止如此。事实上，大部分氮都是以游离状态（即以氮气的形式）存在于大气中的。大多数植物只有在氮以铵根离子或硝酸离子的形式存在的时候才能对其加以利用，但这两种形态的氮在土壤中几乎是不存在的。不过，有许多和植物根系相连接的细菌，尤其是根瘤菌和慢生根瘤菌，它们可以将气态的氮转化为铵离子或硝酸离子形态下的氮供植物使用。这些细菌中的某些细菌属于共生固氮菌（除此之外，还有自生固氮菌和联合固氮菌），早在6500万年前它们就已经出现了，主要是和豆科植物保持共生关系。

这些根瘤菌会在植物根系上生成肉眼可见的根瘤，并在这些根瘤的内部将这些气态的氮转化还原为能被植物吸收的含氮化合物。而作为回报，植物会将光合作用得来的能量中的很大一部分能量以ATP[1]的形式传递给根瘤菌，除此之外，植物也会给根瘤菌提供一个无氧环境，以保证该化学还原反应的顺利进行。

由于土壤中缺乏氮，因此植物不得不完全依赖于共生固氮菌从气态氮中固定下来的氮了。但这一固氮过程对植物能量的消耗是很大的，所以当土壤中真的具有以植物可吸收的形式存在的氮时，植物就会优先选择直接吸收现成的氮。总之，植物这种获取

[1] 即三磷酸腺苷，在生物化学中是一种核苷酸，作为细胞内能量传递的“分子通货”储存和传递化学能。

氮的过程可以和光合作用相比拟了。而对于光合作用，实际上是另一些细菌，或者说是它们的进化衍生物作用的结果，它们可以对气态资源加以有效利用，具体来说就是二氧化碳。光合作用可以使植物获取太阳能，这一过程消耗的能量与植物共生固氮所消耗的能量相比，简直可以说是微乎其微了。

“地下互联网”

让我们继续着眼于地下，着眼于土壤中，这个看似隔绝却极富有生命力、各生命体杂乱拥挤的地方，它们构成了阴暗处一张张混乱而繁复的网，彼此混杂着、交织着，有时也会相互连接，悄无声息地在地下延伸着。“菌根[1]”就是这样的一种网，即土壤中的真菌与根系形成的地下关系体。基于食用价值最著名的菌根是松露。真菌菌丝体[2]会向周围的土壤伸出菌丝，呈网状运转，

[1] 菌根是指土壤中某些真菌与植物根的共生体。菌根真菌菌丝体既向根周土壤扩展，又与寄主植物组织相通，一方面从寄主植物中吸收糖类等有机物质作为自己的营养，另一方面又从土壤中吸收养分、水分供给植物。

[2] 菌丝体是菌丝集合在一起构成的宏观结构。

将它们的末端伸入大部分植物的根部（90%的植物），于是这些菌丝体就构成了非常广阔的合作组织结构，可以进行信息和营养物质交换。由于菌根的菌丝与植物是紧密联系的，且会随着植物的突出体及根系分支的生长而不断延伸，因此，菌丝的延伸代表着一种对植物固有边界的进犯与违抗，有时它会使植物边界扩展延伸，有时又会使其缩小。

这也是一种共生关系。真菌可以通过菌根从植物身上窃取那些它们自己无法生成的有机物。而作为回报，这些真菌会发动它们所拥有的极其高效的运输网络机制，以及充分发挥其扩展延伸的天赋，扩大表面积以攫取更多的物质资源，这样它们就可以反过来为植物提供含磷或含氮的营养物质，或者其他元素，比如锌、锰、铜、钙和钾。此外，其他的分子、激素、维生素、抗生素及那些具有信号功能的粒子都是通过菌体在真菌和植物这两个“合作伙伴”之间进行交换和传递的。然而，这些复杂的共生网的功能还不止这些，它们还可以使距离很远的植物相互连接。

实际上，植物就是通过这种共生组织才能收到邻株植物发出的关于病原体入侵的警告，才能提前启动必要的防御机制以应对病原体入侵。最后一点，真菌还可以刺激植物的免疫系统更好地发挥作用。农业生态学家们观察到，在含有大量真菌的土壤中有机物更不容易流失，其含量甚至还会上升，而种植在这样的土壤中的植物抗病能力也会更强。在这些复杂的菌丝网中，信息在持续不断地进行流动和传播，从这一点来看，这些菌丝网与互联网极具相似性。这个隐喻是很诱人的，但没什么探索价值，因为它并没有为我们植物机能的研究工作开辟新路径抑或提供新思路，只是一个无意义的类比而已。

然而，若想使真菌竭诚为植物提供上述的各种“服务”，是需要赋予其能量的。于是植物就以光合作用中合成的糖类的形式为真菌提供能量支持。这些真菌消耗糖类的总量可以占到植物合成糖类总量的20%～40%。植物之所以甘愿做出如此大的“牺牲”，是因为它们在这一过程中也有利可图。它们为真菌提供的糖类越多，真菌为它们带来的无机盐也越多。正是二者之间的互利共赢及利益对等使得这种共生关系可以一直持续下去并且不断扩展，且会吸引更多的“合作伙伴”加入，地下菌丝网也才会越来越大。

其实早在4亿—4.5亿年前陆地出现之时，菌根性真菌很可能就已经以这种方式帮助过早期植物了，于是早期植物顺利地占领了陆地。基于这种久远的历史渊源，从那时到现在，这种共生关系一定发生了很多进化意义上的变化。比如，我们之前提到的昆虫帮助传粉这一互利互助行为实际上就是一种“改良版”的共生。然而这种共生关系有时也会垮掉，比如，当共生双方的利益交换不对等时。只有当共生关系中的每一个合作者都能从这一关系中得到与其投入等值的利益回报时，共生关系才能维持下去。如果这一条件不能被满足的话，那么这种利益不对等的关系就会衍生为寄生关系，即一方完全依赖于它的“合作伙伴”，凭借从

"合作伙伴"身上单纯索取以维持自身生活。然而，植物，这个光合作用的专家，似乎颇为精明，因为它可以改变衡量利益对等性的指标，使自己获得更多利益，然而也不会使双方利益差距太大。在这方面，我们的科学研究也只是处于起步阶段，因此尚不能对植物的这一行为做出明确解释。

有时，植物也会做出反向选择，宁可选择那些像"寄生虫"一样的真菌也不选择那些"忠实的仆人"，即那些服务对象不专一、在为某一株植物提供服务的同时也服务便利了其他植物的真菌。但是，如果与真菌相连的其他植物都能从这种"被给予的回报"之中分得一杯羹，如果这种共生关系不具有排他性，不是某株植物的特权，如果这种本应为"某株植物合作者"带来好处的关系变成了一种危险的连接（若真菌也会为其他植株带来好处，则对其原本的合作植株是不利的），那么这株植物凭什么继续支持真菌——这个对所有植株都忠诚的"仆人""老好人"。

兰科植物就可以通过菌丝网"窃取"其他植物的含碳物质。它们是如何做到的呢？它们真的只是纯粹窃取，不会与其他植物交换一些东西作为回报吗？这是个谜。此外，那些所谓的"化感[1]"植物，比如桉树，它们可以通过释放含有抗生素成分的化学物质来对邻近植物的生长造成危害，这些植物似乎是利

[1] 化感作用是指一种生物产生一种或多种生物化学成分，以影响其他生物生长、生存与繁殖的生物学现象。

用了菌丝网才使其释放的化学物质顺利到达其“加害目标”的。菌丝网在化感物质从释放植物到接收植物之间传递的过程中起了主要作用，这个推论似乎很合情合理。然而，这也是个谜。

在我们能够真正回答这些问题之前，要进行的调查和研究还有很多。这些问题除了自身极具复杂性之外，还涉及了一个哲学和生物双重意义上的难题，即由植物体“多元”与“无限”的特征所带来的难题。但无论这种服务的“互利性”能不能被确保，我们都要承认：我们脚下似乎存在着一个生机勃勃、成员彼此间联系紧密、亲如兄弟般的共同体，每个个体都属于同一个“整体”。这个观点又一次满足了我们的机体主义幻想，即把不同物种、不同个体形成的集合体看作一个有生命的机体[1]。于是，人们在研究土壤中的这种“亲密关系共同体”时大多采用神经生物模型的方法来进行分析研究；于是，紧密相连、休戚与共的植物世界与真菌世界构成的共同体似乎也有了“信息网”的属性，动物神经系统中呈树状分布的神经元组织结构就是这种“信息网”的具象化体现。

然而，菌丝树状结构与神经元树状结构之间的共同之处会比水文地理图中河流的树状结构、有生命的树及霜花之间的共同之处多多少呢？（我们根据一种与物理普遍原则存在简单一致性的原则分形原则，将河流树状结构分形为树，将树分形为霜花）这

[1] 就像之前章节中提到的盖亚假说，认为地球本身就是一个活着的有机体。

种分形只体现了形状上的相似性，因此，菌丝树状结构与神经元树状结构也许只有几何形状上的相似性而已，并无更多共同之处，以我们人类当前的知识储备状态，我们是不可能回答这些问题的。

传粉——壮举

固定不动，植物吗？若想相信这一点，则应当首先忘却这个事实：除了那些环境很极端的地区，比如冰冻沙漠或极度干旱的沙漠，植物王国已经颇有气势地占领了地球上所有水生及陆地环境，遍及各个纬度范围。此外，我们也应当忽略植物种子及花粉的传播扩散行为，这种内在机制极其精妙的行为有时甚至可以将种子或花粉传到相当远的距离以外。从白垩纪（距今 1.2 亿年前）到古近纪末期（距今 3500 万年前），开花植物的进化与鸟类、哺乳动物及某些昆虫的进化几乎是同时进行的。基于这种共同进化，植物可以使自己向动物身上延伸并且恰好可以借助动物的运动能力以弥补自己不能移动的缺陷。

莫里斯·梅特林克认为开花植物的花先产生花粉，而后是种子，这似乎注定会使植物体从它扎根的那一片土地中摆脱出来，他写道：“植物的这个计划体现了它全部的雄心壮志、统筹兼顾，步步为营。植物向高处逃以摆脱‘永远注定扎根于低处’的宿命；以逃避、违抗那个沉重而阴暗的陈腐定律（即植物注定扎根于低处，永远不会移动）；以摆脱这一切，打破狭隘的生存界限，生出一双翅膀抑或借用别人的翅膀，逃得越远越好，占领那些之前因被命运束缚而不能占领的空间，向另一个世界进军，最终融入一个运动着的，充满生机与活力的新世界……”

昆虫传粉机制的正式发现还要归功于阿瑟·多布斯——北开罗莱纳州的殖民地总督，他在观察蜜蜂行为时发现了这个传粉机制。虫媒传粉是在 1.2 亿年前出现的（当时的植物与现代植物有相似性），因此这一现象主要体现在现代植物身上。有一些不同科目的昆虫进行了一系列进化意义上的创新，主要是膜翅目昆虫、鳞翅目昆虫和双翅目昆虫。有些昆虫的口器发生了变化，由咀嚼式口器转化成了管状口器（如刺吸式口器），于是它们的饮食也相应发生了变化，以吸食花蜜和花粉为主。此外，它们的飞行能力提高了，视觉也更加敏锐，可辨别的颜色数量增多了，身体局部覆盖有细毛，如蜜蜂身上的密毛就是为了最大程度地获取花粉。更重要的是，传粉昆虫还学会了确定它日常“光顾”的植物对象，它们经常在一天之中只采集一种植物的花蜜。

但这一切都只是为了适应植物的创造性，为了适应植物的变化而做出的进化意义上的应答而已。植物体的进化是颇具创造性的，对花来说即是朝着雌雄同体的方向进化，这样可以最大程度地实现花粉从一朵花到另一朵花的传播，因为花在雌雄同体之后，昆虫在每次造访时就可以一次性实现为柱头授粉及带走花药的花粉这两个任务。基于这种运输方式，昆虫就可以越来越高效地传粉了。于是，莫里斯·梅特林克又一次以优美的文字描述道："远方爱人的性爱，无形而静止……"

此外，花的花序有日益集中化的趋势，这样可以使昆虫更容易接触到尽可能多的花，比如菊科植物的头状花序或伞形科植物的伞状花序。这就极大地缩小了传粉昆虫的移动距离。

这其中对我们来说，植物的惊人创造力似乎在其吸引昆虫注意力这一方面体现得尤为突出。植物的花总是可以轻易地擒住来往路过的生命体的嗅觉和视觉感官，如此成功、如此强势，以至于连我们都会被花盛开的美景折服，受到很深的感动。花的神秘能力有很大一部分都取决于它的花瓣，花瓣不仅可以散发出最令人难以抗拒的香味，还可以发射出一些光信号，从近紫外线（350纳米）的信号到近红外线（700纳米）的信号，种类很多。花的颜色和形状的魅力都足以使我们为之倾倒，而且我们也深知，女人们的香水和着装、佩饰都要极大地归功于花所带来的灵感。而这种不引人注目的朴素的魅力对某些昆虫来说却成了一种真正的诱惑，以至于它们的行为都会受到这脆弱且转瞬即逝的花的支配，只因这花虽脆弱但也确实是空气的主人，因此它使昆虫甘心成为它的臣民。由是，昆虫就是在这种气味吸引的作用下，被诱导、被引导，被强迫着向花的生殖器官靠近，先是轻轻掠过，直到最后，就像我们接下来即将看到的那样，促成了花的交配行为。

在虚假的“消极”面具的掩映下，植物以一副安静、被动的姿态示人，并没有露出任何破绽。2013 年 3 月，伦敦玛丽皇后大学的两位研究人员在《科学》杂志中指出，咖啡因不仅仅存在于咖啡树花的花蜜中，也存在于多种柑橘属植物的花蜜中，这种物质可以直接作用于蜜蜂的大脑，增强蜜蜂对其花香的嗅觉记忆。因此，我们常说喝适量的咖啡有利于增强记忆力，这实际上是我们对植物为使昆虫进行奴性传粉而采取的计策的巧妙利用，我们从中攫取了利益。然而我们只是攫取了好处却并没有反过来感谢植物，不像蜜蜂那样，在采完花蜜飞回蜂巢之后还不忘再返回来，重新采集此株植物其他花朵的花蜜并以此来提高植物成功繁殖的概率。

在绝大多数情况下，那些故意停留在某一朵花上的传粉昆虫很清楚地知道自己能够在这朵花上找到花蜜（即由糖类及其他组成物质构成的溶液），有时这些花蜜散发出的极具魅力的气味也可以帮助植物挑选最适合的传粉昆虫。但有时，这一交易中也会存在“欺诈”行为，即花并没有遵守其诺言。比如，在白三叶草的花序中，每 10 朵小花中就有 1 朵小花是不分泌花蜜的，因此这朵小花就被“免费”传粉了，这对植物来说是一种对能量的极大节约。不过“诈骗”的“冠军”自然还得非兰科植物莫属了，种类极其多样，在 19500 种兰科植物中有超过 1/3 都是通过拟态来吸引昆虫传粉的（比如拟态成其他提供报酬的植物花粉形态，拟态成昆虫产卵地等）。人们发现，在 7500 种拥有能进行类似“欺诈”行为的花朵的植物中，有 6500 种是兰科植物，因此，站在昆虫的立场上，我们应当把这些兰科植物看作超级大骗子。

兰科植物群体出现得很晚，而且其种类多样性也只在白垩纪时期才得到了提高，这与昆虫的存在有密不可分的关系（兰科植物通过昆虫进行的欺骗性传粉一定程度上促进了其种类多样性），然而那些更古老的植物的情况则完全不是这样。由是，兰科植物就显得极具发明创造力，无论是就其对各种不同环境的征服适应能力而言，还是就其繁殖所凭借依靠的各种传粉方式（尽管有时我们很想把这种传粉行为看作是“欺诈”行为）而言，都体现了它们异乎寻常的创造力。由于兰科植物进化得相当充分，它们成功颠覆了它们植物祖先的那种传粉状况，即昆虫窃取植物的花粉且不为其提供任何回报，然而兰科植物的传粉则完全是另一种情况，在这种情况下，昆虫成了完全的输家。

还有一点也很引人注目，大部分兰科植物都表现出了一种两侧对称性，和动物的两侧对称性有点儿相似，而它们的花通常是呈辐射发散状对称的。此外，这些花通常还具有一个中心花瓣，或者说是唇瓣，这种结构可以便利昆虫的着陆。最后一点，兰科植物花的花粉都被集合在一起形成了“花粉团”，它的尽头连接着一个有黏性的圆盘，即黏着体囊[1]，昆虫进入花朵时会触碰蕊喙使其与黏盘分离，黏盘连同花粉团可以轻易黏附在昆虫身上，当昆虫退出时就会带走花粉团。当昆虫拜访同种异株植物的另一朵花时，又会触动其黏盘脱落，并且触碰到柱头（黏度更强），于是就实现了受精。昆虫在离开时又会带走这朵花的花粉团，帮助下一朵花实现受精。通过这种极其高效的传粉受精过程，兰科植物可以承受住传粉昆虫的低拜访率从而进行正常繁殖。伟大的达尔文对这种传粉方式也很感兴趣，他对兰科植物大加赞赏并将其视为自然选择创造力的例证。然而令人吃惊的是，他拒绝承认这种大多数兰科植物都具有的“欺诈”行为，他认为蜜蜂非常聪明，因此它们是不会屈服于这种“欺诈”的小伎俩的。然而，蜜蜂确实被这些背信弃义的兰科植物愚弄得很惨，它们要么就是拥有假花药、要么生产出伪造花粉，要么就小心翼翼地模仿其他“正直的”花的颜色来使昆虫混淆，最终实现传粉。

某些种类的兰科植物并没有那么激进，会做出一些让步，使昆虫得到一些花蜜。比如，疏花火烧兰，一种亚洲大型兰科植物，就会在设下圈套的同时为昆虫提供一些食物[2]。它们的花会

[1] 黏着体囊是指兰科的合蕊柱上蕊喙分化的细胞器，并相连花粉块柄，有利于昆虫黏着花粉块，对传粉起着积极作用。

[2] 疏花火烧兰在蕾期和初花期，被茄沟无网蚜感染，访花的雌性大灰食蚜蝇和黑带食蚜蝇在植株和花蕾上产卵，卵发育成幼虫后以蚜虫为食。该兰花进入盛花期后，花散发的气味成分具有与蚜虫体表挥发物相似的化合物，同时，绿色药帽在形态上拟态蚜虫，继续吸引食蚜蝇到花上产卵和传粉。

吸引某些种类的雌性食蚜蝇上钩。食蚜蝇是一种双翅目昆虫，幼虫时期靠吞食蚜虫为生，成虫则以花蜜或花粉为食物来源。疏花火烧兰的唇瓣布满了橘黄色和黑色相间的凸起，和蚜虫很相似，而且会散发出极强的嗅觉信号，这就充分迷惑了食蚜蝇，雌食蚜蝇们坚信这里就是它们产卵的理想场所。空气中弥漫着阴谋的味道，这种花散发出的气味集合了 3 种当蚜虫受到袭击时所释放的“压力激素”，这对雌食蚜蝇来说亦是种补充性刺激，足以使其乖乖停下来产卵。

不过，有一个颇为诱人的进化层面上的假设认为，这种兰科植物事先就已经自己合成了这些“压力激素”以抗击蚜虫的入侵，后来又用这种本领欺骗食蚜蝇为其传粉。

“延伸至别处”——植物对周围其他生命体的适应性

在上一节提到的植物拟态能力还有很多值得我们探讨的内容，因此需要在这个话题上多做些停留。

变色龙拥有在叶间“融化消失”的神奇能力，反观植物的一举一动，我们就会发现变色龙的壮举与植物的行为相比则显得过于迟疑，并不完美。某些花会长成与某些昆虫相近的样子，某些花会散发出死尸的味道，给外界造成混淆，一片耕地里的野生植物总是和被耕种的植物混在一起……植物以如此强的敏锐度对其他生物进行观察和投入，以至于植物有时把这些生物当作了模型范例，最终使自己变成了与它们相似的样子。这个策略是精明而狡诈的，因为它可以使植物得到它所需要的“服务”，却不必为昆虫提供食物以作为回报，产生这些食物需要消耗的能量太多了。具体来讲，这个策略就在于，植物通过发掘自身其他“魅力”抑或寻找昆虫除饮食外的其他重要欲求来吸引昆虫帮其进行传粉，然后再欺骗它。

植物拟态最著名的例子之一就是蜂兰属兰花了。在欧洲，有 30 多种蜂兰属植物的花是不分泌花蜜的，但它们会从化学、触觉或视觉角度模仿雌性昆虫发出信号，很多不同种类的雄性昆虫会因此上当受骗。这些植物会发出与雌性传粉昆虫释放的性外激素相似的味道。角蜂眉兰就是通过这种方式神奇地俘获了雄性纤毛土蜂，将其据为己有的。于是，雄性纤毛土蜂在看到布满绒毛、形状大小都与雌性纤毛土蜂极为相似的唇瓣时，就会尝试进行交配，它极有可能失望地离开，但在这过程中它的胸前会沾满花粉，并且它会一直携带着这些花粉直到遇到下一朵“虫花”。它怀着与自己同类进行交配的想法，然而实际上却促成了一朵花的受精。这种兰科植物体现了一种精妙的变化，即从掌控昆虫欲望的角度上来说，它在此处是通过拟交配的把戏来吸引昆虫，是针对其性欲做出的举措，而不是像一般花所做的那样，从昆虫的食物欲求下手。

更为精妙的是，植物还充分利用了这个昆虫失望受挫的心理：在失败后，该昆虫迫切地想找到一个更容易交配受精的伴侣，因此更加努力地搜寻，于是它也就心甘情愿地使自己再次上当受骗。早蛛兰则把这种精妙性发挥到了顶峰，颇有登峰造极之感，这种植物的花可在传粉结束后生成一种雌性传粉昆虫在被雄性受精后释放出来的化合物。在面对这个“雌性同类”显示出的不可交配性特征，雄性昆虫打消了与其进行交配的念头，飞到同种植物的其他花上，这就增强了植物体传粉成功的概率。这一切的精妙计谋之所以能产生，都是因为兰科植物是不会容许自己看着它珍贵的传粉小助手远去离开的，毕竟它已经等候太久了。基于这类植物所表现出的对昆虫的依赖性，它们的花会在几周之内一直保持盛开的诱人状态。不过，值得注意的是，这种通过拟交配来实现传粉的形式居然在三个相互隔离的大陆上（澳大利亚、亚欧大陆、南美大陆）都有分布。

除此之外，一些在我们看来相当不高雅精致的俘获传粉昆虫的形式也与上述的形式有异曲同工之处。比如，苏门答腊岛上生长着一种独特的植物——巨花魔芋，它的花可以散发出腐肉的气味。于是某些被迷惑的雌性苍蝇就会欣然前往做出回应，在途经触碰这些花的同时就不知不觉地收集了它们珍贵的花粉。所有这些具有欺诈性的植物都被传粉昆虫塑造着、影响着，然而这些处于不断进化中的植物却并未对昆虫的进化产生任何影响。这是因为，昆虫并不能从该类植物身上获取任何资源，所以不构成真正意义上的依赖关系，由是，它们没有感受到任何进化的迫切性，没有任何进化压力。

关于植物的拟态能力还有另一个相当独特的例子。2014 年，人们发现在智利南部生长着一种藤本植物，叫作勃奎拉藤，这种植物被收集在植物标本集中的标本居然是形态各异，彼此几乎是毫不相似的。事实上，这是因为这种藤本植物可以模仿其主要宿主的叶子，它们会使自己的叶子与寄主叶子在形状、颜色和大小上都保持一致。还有更令人赞叹的呢，当这种植物先是沿着宿主不断生长，然后爬到另一棵与寄主不同种的树上继续生长之时，它的叶子会局部呈现出与其距离最近的宿主叶子的形态。我们可以把这种差异性拟态（即不是只进行一种拟态而是根据周围的植物形态来不断进行拟态）的能力视为植物在面对昆虫捕食者垂涎时采取的有效抵抗。

澳大利亚的寄生植物身上也同样表现出了这种可塑性，这些植物的大致形态与槲寄生植物很相似，实际上它们却可根据宿主植物的各种不同形态来改变自身的形态。这种寄生植物是如何模仿宿主植物的呢？直接映入大脑的假设有两个：要么是这种植物可以解析宿主植物释放的可挥发物质所代表的信号，并由此对自身叶芽的基因表达进行调整；要么是它可以通过其刺入宿主生命组织里的吸根直接将宿主基因并入自己的基因中。无论哪个假设是正确的，这个例子都体现了植物体对自身以外的其他生命体令人惊讶的适应配合能力。

将种子托付出去

对植物而言，种子扮演着亲代动物运动性的角色。根据这一特点，种子代表了植物一生中唯一可以运动的时期，它是一个微型的孕育着生命的处于沉睡中的植物体，这个“灰姑娘”在等待着一个温暖而湿润的亲吻，有了这个吻它就可以苏醒萌发了。这个过程中，为了使其种子可以移动，植物体在这个阶段会处于消极被动之中，它不得不把种子托付给陌生的载体。为了繁衍生息，植物绝不会轻视任何事物，于是一切事物对它而言都变成了潜在服务者。在植物的结果时期，诗人莫里斯·代·盖伦（1810—1839）感悟道：“未来的森林正在眼前这片充满生机的森林中摇晃呢，一切都那么令人难以察觉；大自然全身心地投入到了它伟大的母性之中，投入到了它伟大的孕育使命之中，广泛孕育着一切。”这是一个多么富于诗意的感悟啊！

让我们把目光投向热带雨林。在热带雨林中，植物密度本应很大，然而对于每种植物而言，其个体分布密度是极其低的。这是因为，不同种类植物中的每一类植物的种子都通过“动物流动大军”被扩散传播到了很远的地方，同种植物的种子未必被带到同一个地方，只有在这种情况下才可能出现同种植物个体分布密度很低的现象。不考虑特殊情况，一般而言，通过风来进行种子的传播与扩散的方式在那些障碍物比较多的环境中是不怎么有利的。若想在繁茂混杂的树林中穿梭，鸟的翅膀和大象的执拗自然是无敌的，它们在密林中穿梭自如，肚子里装满了美味的果实，当然了，不可避免地，会有那些几乎不能被消化的种子，这些种子在整体消化过程结束后就会被排泄出去，这就是植物甘愿消耗大量能量去产生果实的原因。这些果实的果肉包着种子，果肉富含油脂和单糖，且具有可挥发性物质，散发着诱人的味道可以诱使动物前来“享用”。其代价是高昂的，然而由此得来的服务收益也是很可观的。在鸟类、蝙蝠的协助下，为 60%～70% 的森林植物扩散传播了种子。

类似的例子还有上千个，然而生物学家皮尔·查尔斯－多米尼克提出了一个绝佳例证——一个从这上千个例子中脱颖而出的绝佳例证，即伞树属植物（圭亚那森林中的一种树）与美洲果蝠属的蝙蝠之间所保持的关系。伞树属植物的结果是分期进行的，这就使得蝙蝠可以全年都从该植物身上获取食物。这种植物被称为“颇具先驱开拓精神”的物种，因为它在那些最近才开发的土地上大肆生长，如在那些被毁坏的森林中、在河边的小路上，甚至在鹿砦[1]上都可以生长。其果序长而下垂，利于蝙蝠在飞行过程中采摘果实。蝙蝠会从树上取走一个果实，即100～150粒种子，将其吞入腹中，5分钟后会在飞行时将种子排泄出来，这些被排泄出来的种子不仅没被消化，反而因这一过程使得其种皮得到了软化，因此也就变得更容易萌发了。

果实通过大象进行扩散传播，这些果实会产生一种有香味的物质，香味可蔓延到100多米远的地方。果实硕大，可满足大象的食欲需求，且通常果肉比较坚硬、密实，水分较少，富含脂类和蛋白质。果实的颜色可以不是很引人注目，因为没有必要。“蛋糕上的樱桃[2]”，如果此处我们可以大胆地使用这个表达的话，那些被大象带到很远的地方去的种子其实事先就有了特权，前途一片光明，就像蛋糕顶上的樱桃一样，留到最后的才是最好的。原因有以下几点：第一点,大象的消化酶会筛选出那些能存活下去的种子，消化掉那些结构有问题或是被寄生了的种子；第二点，消化液会增加种子的萌发率，有些植物的种子在浸过消化液后萌发率会增加10倍；第三点，那些最终处于粪便中的种子比中途掉落到土壤中的种子萌发速度快10倍。

---

[1] 伐倒树木构成形似鹿角的障碍物，古称鹿角砦。分为树干鹿砦和树枝鹿砦两种，通常设置在森林边缘、林间道路和有行道树的道路上。

[2] 做蛋糕时最后一步加上去的樱桃，有画龙点睛的意义。

有趣的一个现象是，种子传播扩散工程中的最大参与者一直都是人类。我们也许可以这样想：到头来是植物利用了人类，就像它们利用动物群体中的其他物种一样。这个观点是不是有点危言耸听、不切实际了呢?

人类学家、农学家奥德里库尔（1911—1996）在弥留之际将一个至关重要的问题托付给了他的后人来解决，他说："我还有一个问题一直没有解决——也许，是其他生命存在驯服了人类呢？"这当然不是一个弥留之际的人的呓语，这是一个严肃且具有重大意义的问题。不过，有一些例子的确证明了人有时会被植物愚弄的事实。植物之中最出色的愚弄家也许就是沼生菰了，以野生稻和东非野生稻为代表，这两种植物会侵占稻田，其外观与

水稻

水稻极其相似，就像两滴水一样无法区分。在花期来临之前我们都无法将它们区分开来，然而等到花期时再给稻田除草就已经太晚了，不具有可实施性。

其他农作物中也存在相似的拟态困扰，但这次是种子的拟态。亚麻荠幼苗（茎细长，叶为窄叶且颜色较浅）经常会和亚麻的幼苗混淆。更特别的是，这两种植物的种子还是在同一时期产生的，完全区分不出彼此，没有任何一种谷物簸扬可以使二者分开。当然了，这些拟态也是一种选择的产物，人类参与了这种选择，因为是人类不顾一切地选择种植那些种子最不容易区分的植物的。但从本质上来讲，这也很好地体现了这些“入侵者”所表现出的适应性进化[1]。

[1] 为了使自己获得良好的生存条件不被人当作杂草除掉而进行拟态使自己与农作物相似。

植物的求助行为

如果植物在化学意义上是全副武装的，即它可以通过某些化学途径来抵御捕食者过于残暴的入侵的话，那么它也可以向一些中间“调停人”求助。有 1000 多种植物会通过花外蜜腺分泌蜜露来作为昆虫捕食者或寄生虫的可替代性食物来源。当有食植性昆虫入侵时，植物就会启动花外蜜腺分泌蜜露，那些捕食者很快就被吸引了，尽管它们的初衷是捕食植物而并非放其一条生路。

这一现象在那些四海为家、遍布世界各个角落的蚂蚁身上体现得尤为明显，它们那恰如其分的入侵行为总是能引发植物做出此种反应。世界上已知的蚂蚁种类超过了 12000 种。实际上，蚂蚁数量和种类上的大繁荣是紧跟在森林中开花植物大繁荣之后发生的，二者之间存在众多共生关系，前者在这个过程中获利实现了物种繁荣与发展。起初，蚂蚁只是纯粹的捕食者，它们适应了这种食植性的饮食习惯，形成了一种树栖的生活方式，并且也发现了植物分泌的令其难以抗拒的花外蜜露的存在。在热带地区，蚂蚁的生物量要比脊椎动物的生物量多，因此它们就可以保证对植物进行高效而持久的保护，但这要以蜜露作为交换。更甚的是，蚂蚁之间可以通过外激素进行交流，这些外激素是由40多种腺体释放的可挥发性物质。这种化学意义上的多言癖，通过不断地进化发展，促进了蚂蚁和植物对彼此发出信号的相互理解[1]。

生物学家德尔皮诺·费代里科（1833—1905）是第一个发现植物这种与昆虫保卫者结盟的行为并对其做出描述的人，他反对达尔文的观点，即反对“这些花外分泌物只是纯粹的植物排泄的产物而已”的观点。

与之相反，他认为植物能产生花外分泌物是一种适应性优势，这可以使得那些蚂蚁帮助植物抵御入侵者。关于这一点有一个很著名的例子：在非洲赤道附近的热带森林里生活着一种细长蚁属蚂蚁，被其蜇针刺到会产生剧痛感。这种蚂蚁和一种西番莲属的小灌木（法语 Barteria fistulosa）存在着共生关系。这种西番

[1]　蚂蚁释放物的成分很复杂，植物释放物的成分也很复杂，化学成分越复杂意味着有更多进行化学反应的可能性，从而促进了蚂蚁和植物之间的相互理解。

莲属小灌木的叶片布满了蜜腺，因此也就成为这种蚂蚁不可或缺的寄主。此外，在茎部或根部（比较少见）邻近叶柄的位置还生有一种被称为“虫菌穴”的共生结构，该结构外缘突出隆起，内部凹陷中空，可为寄居于此的蚂蚁提供避难之所，以应对它们的捕食天敌或是避雨。

虽然这种共生方式的内在机制仍不明晰，但我们知道，对于“喜蚁”植物（即与蚂蚁共同生活的植物）而言，当其叶子受到食植性昆虫侵袭时它们就会产生可挥发性的水杨酸甲酯，这种物质一经释放就会马上使蚂蚁变得极具攻击性。于是，作为对蜜露的回报，蚂蚁帮助植物抵御了食植性昆虫的进攻。有时，若有其他昆虫刚好降落在“虫菌穴”附近的叶片上，蚂蚁们一感知到这种降落行为引发的振动就会迅速出动，杀了这只昆虫并集体将其分食，不过更常见的还是直接将其抛下去。更令人惊讶的是，这些蚂蚁还会啃噬其宿主植物附近的其他植物枝丫的末端。很长一段时间内，人们一直以为蚂蚁这样做是为了使其宿主植物获得充足的光照，然而后来发现这一行为其实并不像我们想象中的那样富于诗意和感情，它们只是想消灭潜在的可利用据点以防止其他生物建筑巢穴而已。

那些体积比昆虫大好多倍的食草脊椎动物也会难以抵挡植物捍卫者——蚂蚁的猛烈进攻，被驱逐离开。有一个极其令人惊叹的例子，寄居在镰荚金合欢上的蚂蚁会帮其抵抗大型食草动物的进攻，甚至包括大象。因此，当受到大象的猛烈进攻时，这种金合欢就可以比其他树木少受些灾难之苦。那些外形与此种金合欢相近的其他金合欢也会幸免于难，因为大象经常将它们与镰荚金合欢混淆。说实话，有时蚂蚁们也别无选择，它们完全被宿主植物操纵控制了。牛角相思树[1]就是通过操纵相思树蚁来获得其“保镖”服务的。实际上，相思树蚁并不能分泌蔗糖酶[2]。这其实是因为牛角相思树产生的蜜露中含有甲壳质酶，这种酶会阻碍蚂蚁体内蔗糖酶的合成。尽管如此，这种植物仍不忘向我们展示它虚伪的慷慨，它会为蚂蚁提供它们所缺少的、相当重要的蔗糖酶。于是，牛角相思树彻底使蚂蚁依附于它并由此操纵控制它们，强迫它们日夜守护在自己身边，寸步不离。当蚂蚁饮下那命运的蜜露之时，这一操纵机制已然启动，它将永久依附于牛角相思树。

需要注意的是，并不是所有植物都拥有这种蚂蚁盟友防御系统，毕竟要一直维持这支骁勇善战的小军队也是很消耗能量的，因此，在这种情况下，植物就应当发展一种信号系统，使自己发出的信号能被其他昆虫捕食者[3]感知和理解。对植物来说，最为明智的做法是生成一种可挥发性有机化合物，植物可以通过这种物质来了解出现在它面前的食植性昆虫的种类、数量及发展阶段等相关信息。但这次回报就不再是蜜露了，而是昆虫本身，它已

---

[1] 一种墨西哥金合欢。

[2] 一种将蔗糖分子转化为蚂蚁可吸收的单糖的酶。

[3] 即除了正在攻击植物的昆虫捕食者之外的其他昆虫捕食者。

经变成了潜在的猎物。

野生二倍体烟草，一种和烟草很相近的植物，这种植物一旦察觉到有烟草天蛾的毛虫在其叶间饶有趣味地冒险流连并肆意用它的上颚啃噬叶片时，就会释放一种可挥发性化学信号。若此时植物附近刚好有食肉性臭虫，这种信号就会吸引臭虫的到来，这就是植物的“救兵”了。“救兵”的到来并不是植物自己的功劳，甚至是毛虫都尽了一分力。毛虫的唾液会影响可挥发性化学信号的合成，改变其成分，形成该物质的同分异构体。因此，臭虫只需要理解一下这个信号的具体含义就会赶过来了，这也意味着毛虫被它自己出卖了，被它自己对食物的贪欲出卖了。这种三方参与的三角机制并不少见。30 多年前，美国昆虫学家就已经证明了植物在被袭击时会释放可挥发性信号以吸引膜翅目昆虫，这种信号只有在袭击停止后才会消散。目前为止，人们已经发现了超过 25 种食肉性昆虫会被这种植物在受食草动物袭击时所释放出来的信号吸引。

植物的创造力是取之不尽、用之不竭的，其防御保卫机制见证着植物的适应性进化，这种适应性进化常常被看作是植物的卓越才能。另一种植物寻求捍卫者帮助的形式也证明了其卓越才能，只不过这种形式着实令人意外，令人不敢相信这竟是植物所为。加利福尼亚研究团队近期发现，生长在加利福尼亚北部的一种耧斗菜属植物，即卓越耧斗菜，可将昆虫尸体粘在自己身上并将其作为猎物进贡给那些食腐动物，而这些食腐动物则可以帮助植物体抵御食植性捕食者。该研究团队认为这一现象很有研究价值，于是就又对分属于 50 多种不同科的 110 多种植物进行了类似的观察。结果显示，这些植物都具有杀死昆虫的能力，然而这种谋杀行为并不像其表面看上去那样简单、纯粹，其背后是有深刻的动机的。我们认为植物（有时我们就是这么理解泡桐属植物的行为的）的杀虫行为是为了将虫的死尸堆积到土壤中，增加土壤中含氮化合物的含量从而使自己获利，就像食肉性植物那样从昆虫身上获利，然而实际上并不是这样，我们已经看到了，这种杀虫行为的动机可并不是这么简单的。

刚刚提到，这些防御机制都体现了植物卓越的适应才能。然而，对一株将花朵拟态成雌性昆虫形态的兰科植物而言，它又在适应什么呢？这一行为体现的难道不是植物的另一种才能[1]吗？加斯东·巴舍拉说："树木，根系蔓延，以根为拳，仿佛将整个大地尽收掌中；延伸向上，直逼苍穹，仿佛拥有支起整个世界的力量。"面对如此神秘而壮阔的生命，还有什么可说的呢？只能说，要想真正了解植物，我们要走的路还很长，还需要不断地探索、研究。

---

[1] 不是消极性适应外界而更像是对外界事物的一种有计谋的主动利用。

第七章

解码植物

现在，植物内在性的探索之旅即将结束，我们已至终点。在这个旅程中，为了不断前行，不得不抛弃一部分我们对植物固有的主观想象。作为回报，我们打破了固有思维的束缚，开始质疑那些之前从未质疑过的想法与认识，不断进行探索与求证，最终解决了困惑，对植物的认识也因此更加深入。

从今以后，我们再也不会认为植物的真容与我们想象中植物的样子是完全相符的了，植物不一定是我们所希望它成为的那个样子。

然而，要想进一步了解植物以窥其真容，我们还有很长的路要走，要有足够的耐心。这是因为，我们对植物的研究就像劳尔·海因里希·弗兰采所说的那样，“面纱在风中飘荡，每一处都在翻滚律动，然而每次翻滚都只能将面纱掀起一点点而已”。诚如蒙在植物脸上的面纱也是这样，每一处都等着我们去发掘和了解，然而每次所取得的成果就像那一阵轻微的风一样，只能掀起这层面纱的一个小角，无法窥其全貌，因此，除去面纱甚为困难，尚需时日。

然而，无意识的行为从来都是顽固的、不易改变的。我们总想隔着这层面纱窥出植物身上依稀反映出的神话人物的影子，比如诗人比埃尔·德龙沙所歌颂的那些“生活在坚硬树皮之下的仙女们”，这种倾向性是无意识的、不易改变的，因此我们仍旧并将永远保持这种倾向性。同样，我们也记得哈玛德律阿得斯姊妹们[1]——希腊神话中的森林仙女们，与树同生，与树同死。在今天，我们仍旧能想起很多人化身为植物的典故，比如纳喀索斯[2]、雅辛托斯[3]、达佛涅[4]及赛帕里西亚斯[5]，这些幻想出来的神话人物一直扎根于我们的脑海深处，久久不曾遗忘。于是，我们总认为自己可以透过植物的面纱在植物身上找到我们幻想中事物的影子，并由此来确定我们的幻想是真实存在的，而这些幻想

[1] 哈玛德律阿得斯是希腊神话和罗马神话中的护树仙女，属于树林女仙德律阿得斯中的一个分支。她们是森林之神——俄克绪罗斯和树木女神——哈玛德律阿斯的8位女儿。哈玛德律阿得斯这个名称意味着“哈玛德律阿斯的女儿们”。

[2] 源自古希腊神话美少年纳喀索斯的故事。美少年纳喀索斯有一天在水中发现了自己的影子，然而却不知那就是他本人，他爱慕不已、难以自拔，终于有一天他赴水求欢溺水死亡，死后化为水仙花。

[3] 雅辛托斯是一个美丽的青年，为阿波罗所钟爱。后来遭西风神仄费洛斯嫉妒，雅辛托斯被阿波罗掷铁饼时误伤致死。在雅辛托斯的血泊中长出一种美丽的花，阿波罗便以少年的名字命名，称为风信子。

[4] 希腊神话中的一个仙女，因欲永葆童贞而拒绝阿波罗的追求，然而后者并未放弃，达佛涅苦于阿波罗的追逐，无奈之下向众神求助，众神于是把她变成了一株月桂树。

[5] 希腊神话记载，有一名叫赛帕里西亚斯的少年，爱好骑马和狩猎，一次狩猎时误将神鹿射死，悲恸欲绝。于是爱神厄洛斯建议总神将赛帕里西亚斯变成柏树，不让他死，让他终生陪伴神鹿，柏树的名字即从少年的名字演变而来。柏树于是也就成了长寿不朽的象征。

大多与我们具有相似性，比如那些化身为植物的神。在植物身上发现与我们相似的存在体对我们来说是一种诱惑，而我们永远不会全然拒绝这种诱惑。

基于这种无意识倾向的根深蒂固性及我们对于上述诱惑的不可抗拒性，想要摆脱形而上学、空想性的视角，以一种全新的、真实可感的、客观的视角去了解、认识植物就颇为不易了，这需要我们改变自身固有的习惯性视角，因此这是一项针对我们自身的长期的、深刻的工作。这是一个自我内在斗争的过程，一个需要耐心与毅力进行不断学习的过程，也是对植物进行探索与发现的力量来源与不竭动力。由衷地希望之前的章节可以给读者朋友们带来一些启发，使你们从中获得乐趣并激励你们将植物探索之旅继续进行下去。

那么现在我们要回到正题了：这本书主要讲了什么呢？

被转化的光能

如果说关于植物只有一件事应当被记住，那就是植物与光之间不可思议的联盟关系了。植物工厂对我们的星球实施着生物操控，因为它与光有直接联系，可以直接获得并利用光能。

植物每年会从大气中吸收 1000 亿吨二氧化碳，并将其由无机状态转化为有机状态。植物是生命物质的不竭创造者，它可以大规模地将无机物转化为有机物并不断重复这一过程，就像著名的米勒实验中那样（1953 年，米勒[1]在实验中发现“原始汤”中可以产生氨基酸并由此证明由无机物合成小分子有机物是完全

[1] 斯坦利·米勒（1930—2007），美国生物学家。

有可能的），只不过米勒实验中无机物到有机物的转化是在极其严格的实验条件限制下才能发生的，而植物对这种物质转化的操控则更为娴熟并且具有无限重复这一过程的能力。因此，应当明确一点：植物与阳光的密切关系及对阳光的敏感度是人类永远都无法企及的。

植物从阳光中汲取能量。光是一种原始能量，取之不尽用之不竭，它甚至不要求植物做出额外的位移运动，植物只需要静静地生长就可以获得这种能量了。然而，包括我们在内的动物则只会利用那些植物为我们生成现成的有机物。因此，我们对植物具有依赖性，鸟类、昆虫、大型迁徙性兽群也是这样，甚至土壤、白云及水流也对植物有一定的依赖性，至少它们有一部分活动是要受到植物影响的。植物塑造了我们周围的环境，塑造了这个世界。它指引着生命之川的流向，宛如一个对其子民无比忠诚的女王，终其一生都奔波于塑造、引导与奉献的征程上。

树木与人是完全对立的，它与人的对立程度比人与自己的对立面的对立程度还要大，是两个完全相反的极点。我们有内向性趋势，而树木则有外延性趋势；我们是以自我为中心的，而树木则以他人[1]为中心；我们在生长过程中要受到“玻璃天花板[2]”

[1] 即除树木本身之外的其他生命体。

[2] 本意指女性或是少数族群没办法晋升到企业或组织高层，并非是因为她们的能力或经验不够，或是不想要其职位，而是在女性和少数族群升迁方面，组织似乎设下一层障碍，这层障碍甚至有时看不到其存在。此处引申为人因物种局限性，生长必然受到制约，无法实现无限生长。

的限制，受到我们那永恒不变的形态建成既定轨迹的制约，因此我们进行的是一种有限的生长，最终会被迫停止生长，注定要接受一些生命过程中必然要经历的阶段，比如衰老。而树木是无限生长的，它可以通过模块化的集合体不断进行再生长，也可以通过多功能细胞来打破自身固定性的束缚，实现在空间内的自由延伸。原肠胚的形成决定了我们注定是要转身面向自己，背对这个世界的，我们拒绝向外界延伸自己的器官，一切都是内部发育的，是一个内化的过程。然而对于一棵树来说，是不存在“内”与“外”差异的，我们因觉察到宇宙的极度浩瀚而感到惶恐，迷失于宇宙的奥秘之中；然而树却感觉不到任何距离、高度、间隔及远近的差异。树只能觉察到触感、光线、水滴、分子、振动、风、昆虫捕食者抑或传粉昆虫的存在。它能看到光，并且只能看到光，它的生根之处与它的宇宙是混为一体的。尽管树木并不能感知自己周围的空间环境，它却在这个空间环境中延伸着，塑造、影响着空间环境，还会在有风或有鸟类经过时向这个空间投下自己后代的种子。

最后一点，我们每个人都是以自身或个体的形式存在的。而树木则相反，树木是去个体化的，其轮廓是模糊的，与外界的界限是不明确的，而且树木本身就与它以外的生命体、与环境融为一体，因此并没有“个人”与“他人”的分别。

一个集合式存在，一个没有真正意义上内、外之分的存在

第二点主要内容即由于植物并不具有智能，因此世界对它来说就是一种不得不去面对的直接性，除此之外，植物也不再具有其他看待世界的方式了，它只能看到这种直接性，也只能去接受这种直接性。

植物不具有智能……那些妄图反驳的人一定忍不住想玩玩文字游戏，认为“一个会因为阳光而欢欣鼓舞的生命存在也一定会因为精神而欢欣鼓舞”。于是莫里斯·梅特林克提出“植物生命所付出的全部努力都是为了阳光与精神”。树木那直立的姿态，在生命世界中所占据的辉煌地位，那颇具贵族高贵气质的外形，以及它那对世俗纷扰的不屑一顾、恍若置身他处的淡然态度，这一切都与我们如此相似，树木难道就不能因此也拥有一点我们所具有的智能吗？此外，弗朗索瓦·德拉波特评论道："既然我们不能因为鱼只有鱼鳃没有肺就否认其呼吸的能力。那么，一个没有大脑的生命体就一定是不聪明的吗？"

智能，即一种不断调整自身行为以使其与生活相适应的能力。它要求生命体必须首先具备做出选择的能力，这是获得智能的必要前提，这种做出选择的能力又与生命体的学习能力密切相关，而这种学习能力只能源于一种可以不断进行整合处理、融会贯通的记忆，这种记忆可以使生命体记住过去发生的事并从中获取经验，由此生命体才能真正具有应对新环境的能力，依据习得经验做出选择，从而不断适应生活。

然而，并没有任何证据可以证明这种记忆在植物身上是存在的，我们在植物身上充其量只看到了那些遗留下来的，或多或少还在发挥着作用的印记。不，植物一定不会是聪明的，它不具有智能。它什么都记不住，也不能预见什么，它是对黑格尔所说的"注定要面对直接性的存在[1]"的回应与诠释。但是，还是让我们

---

[1] 黑格尔认为，"纯有既是纯思，又是无规定性的单纯的直接性，而最初的开端不能是任何间接性的东西，也不能是得到了进一步规定的东西"。有或存在是不能被感觉的，亦不能被直观、被表象的，只是一种纯思。这种有或存在是纯粹的无规定性的思想，它本身是一种直接性，不是外在中介的无规定性。此处指植物既不能记忆也不能预见，因此就只能直接面对"直接的无规定性的环境"，它只能去面对这种"直接性""理所应当性"，并由此对自己的行为做出调整而已，只是一种针对"即刻与当下"的即时性反应，不存在对习得知识的整合运用以做出选择，因为它缺乏最基本的记忆能力。

打起精神来吧，不要把植物想得过于凄惨。也许，生活在一个不能明确感知时间游走、感知不到距离、感知不到空间中所存在的事物的世界里也没有那么糟糕。我们都知道，思想简单的人并不一定是最不幸的。

让我们再来稍微反思一下，思考另一个问题：植物有自我意识吗？可以意识到自我的存在吗？从植物的形象来看，如果植物真的存在对自我的认识，那么这种认识一定是多元的。植物生长的无限性、自身边界的不确定性、明显的外延性趋势、其存在的“多元复合性”，这一切特征都意味着植物是不可能成为一个内在化的统一体的，因此，它也没有自我意识。诚然，就像歌德所观察到的那样，尽管树木是如此复杂、多元、无限，是一个不可否认的“多元集合式存在”，它仍旧对自己的这种和谐统一十分满意，并欣然接受了这种特点所带来的福利。不过相应地，基于这种“多元复合，和谐统一”的特点，植物的“自我”与“非自我”的界限似乎就很模糊了，尽管有些人会因此对植物产生某种形式的基因歧视。

让我们再来重新确认一下吧。我们可以把这一切都看作是一种缺陷、不足（因为如果我们不具有智能、不具有自我意识，那么我们如何能享受生活呢？）。然而这些我们眼中的“缺陷、不足”并没有妨碍植物以极其高效、出色的方式实现自身各项机能的正常运转，并没有妨碍植物成为地球生命大冒险中一个如此成功的赢家。植物在形态学和遗传学的意义上都是灵活的；它的器官通常可以进行多次重复、再生，其器官的形态也会随着周围环境条件的变化而变化，表现出适应性。植物虽然会因为自身运动性的缺乏而蒙受损失，但它通过自身的灵活性及对环境的适应性弥补这些损失；它似乎也没有体验过疼痛，然而这对一种不能移动的生物来说是不合理的（因为不能逃跑、躲避刺激源）。对于动物来说，在受伤之后绝对没有比结痂更好的自我修复方法了，然而植物则是通过更新再生来实现自我修复的。植物拥有一种与生俱来的连续性，而这正是动物极度缺乏的。因此，世界上植物的数量远比动物多，这一点也不令人吃惊。

直接性认知——一种值得赞扬的认知方法

第三点内容不是关于植物的，而是关于我们研究植物时所采取的研究方法的，但这并不意味着这一点内容就不重要。我坚信，若不将科学、哲学及诗歌知识融会贯通并由此角度出发去研究植物，我们对植物本体论及其内在性的认识研究工作是无法取得任何真正进展的，这三个领域的知识是我们拉近与植物的距离、进一步了解其真容所必需的。这样做的同时，我们也同样远离了自己。

歌德在其关于“植物变态研究”的论文中表达了他的痛苦，因为他那关于植物的直觉性臆想假设在科学家们那里遭受到冷遇，他说：“没有人想去了解诗歌与科学的密切联系；他们已经忘了，科学来源于诗歌。”植物的研究需要诗歌与直觉，灵感涌动，也同样需要科学与理性的分析；植物的研究需要狂热发光的热情，也同样需要冷静温和的睿智。过度的诗意会使我们偏离、排斥这个世界，同样地，纯粹的科学则会束缚、限制、割裂我们，使我们只能囿于孤立分隔之中，难以将目光投向远方。

这也就是奥地利博物学家、哲学家，首位撰写植物敏感性相关书籍的作家劳尔·海因里希·弗兰采嘲讽那些“真正的植物学家”的原因了，这种植物学家是以林奈为原型的。海因里希嘲讽道：“这种植物学家肆意横行，其所到之处无不充斥着灾难，草原上生机勃勃的草会枯萎，花朵那绚烂的颜色会褪去，那些装点着大地、使世间洋溢着欢乐的生命体就这样沦为了一具具干瘪的尸体，‘真正的植物学家’把它们收集到他对开本的植物标本集中，然后用精妙的拉丁文词句，以上千字的篇幅来描绘这些支离破碎的、颜色已经褪去了的尸体。”这种讽刺还有一个年代更久远一点的版本，法国小说家阿方斯·卡尔（1808—1890）曾为这种植物学感到深深的悲哀，他认为这种植物学的全部意义就在于把植物进行干燥处理，然后再“用希腊语或拉丁语侮辱它们”。当然，虽然这些评价有些言过其实，但它们也体现了这种纯粹描述性的科学研究方法的弊端。

有一种脱离肉体与物质实质的生物学也存在过一段时间，尽管这种生物学有些反常理，但也确实昙花一现，经历过短暂的繁荣，因为它似乎和人们内心深处的向往与憧憬是契合的。

文艺复兴时期，机器之光使世界发生了巨大变化，机械论成了人们争相讨论与探索的热点，整个世界变成了一系列机械过程的集合体。随着电的产生与发明，动物变成了一种屈服于其自身运动所带来的极性的生命存在。遗传学的出现为我们提供了一个认识事物的框架，从那以后，一切事物、一切现象都可以用基因的逻辑来解释。

今天，人类思想的精妙性似乎也应该被理解为神经元相互连接的产物，以至于诗歌，根据美国昆虫学家、“生物多样性之父”艾德华·威尔森的说法，都只是神经活动的一种副产品而已。科学注定会在它高速运转的齿轮下捣碎这所剩不多的最微小的欢愉吗？科学注定不能容忍任何与其现行信条相悖的东西，哪怕只是些许偏差？科学注定会讽刺那些融合着诗意与直觉的最原始的、最直接的研究方法？如果科学家们依然对这种直接性、直觉性研究方法保持警惕态度的话，一切就都很难说了。

名字——危险的海市蜃楼

第四点也是最后一点，就是要提醒大家警惕一个极其强大、极不容易被识破的陷阱。有些人可以像我一样用拉丁文双名制命名几百种热带或温带植物，然而他们都深知自己不会在植物研究上取得任何更多的进展，因为他们已然陷入了圈套之中。

诚然，如果我们不赋予这些植物一个能被大多数人所理解和接受的名字，我们是不能进行关于植物问题的讨论与交流的。当我们产生了想要更好地了解我们周围的植物的欲望时，通常情况下，我们都会赞同采取这种命名法以促进对植物问题的交流与讨论，从而更好地了解和认识植物。在这一点卢梭已经给过我们忠告了：如果一个人不是只通过植物问题的名字来了解植物的话，那么他会成为一个伟大的植物学家，“名字越多，想法越少”。仅仅拥有命名植物的能力并不足以使我们了解植物。这种命名能力会使我们的目光只停留在那些命名的功绩上，使我们以一种恭维、奉承的眼光去审视这些脑力劳动，它有时也会满足我们的收集癖好罗列事物或者明细清单的嗜好，但它却不能给我们带来任何关于植物的知识，什么都不能教会我们，除非这种能力可以进一步演化延伸，即我们可以主动去凝视植物，将自己完全投入到对植物的观察研究中，以及持续保持感官的敏感性。卢梭在其《一个孤独漫步者的遐想》一书中表现得就很直率、坦诚。他在观察了几种植物并列举出其名字之后，明确指出：“我渐渐地结束了这种对植物所进行的细微观察，开始品味周围的一切景致，品味所有植物给我留下的整体印象，这种印象同列举植物名字一样都能使我快乐，且更为感人一些。”

在意识到命名植物是个陷阱的同时，人们也在思考：虽然人们通过这种精妙的拉丁文双名制命名植物增加了植物的陌生感和疏离感，但是会不会存在某种方法可以使我们在命名植物的同时又不使自己离植物远去呢？鉴于人们如此不愿放弃他们所赋予植物的名字，植物的名字是如此重要，加斯东·巴舍拉几乎是盛怒地说道：“所有生命体的命名都是这样，在给花命名之前应该先爱上它。如果我们并不爱花而只是胡乱错误地为其命名，那可真是糟透了。若我们连在睡梦中都在时时注意花的名字，我们一定会感到十分惊讶的。”

植物的名字只是一个纯粹的海市蜃楼而已。它所体现出的是一种具有描述性、分类性特征的植物学，这种植物学在今天仍是无处不在的，然而它对于植物学本身就是个灾难，对于我们来说也是个灾难，因为它使我们在研究植物时几乎处于盲人状态，我们并不能真正看到植物，我们能看到的只是那些名字、分类及描述性的文字。对于了解与认识植物，没有比让植物占据我们的感官、让其蔓延到我们思想的每一处更好的方法了。因此，我们应当摆脱一切精妙高深的研究方法，摆脱名字与描述性分类性研究的桎梏，要做到理解植物、尊重植物、完全投入植物中，使植物充斥着自己脑海的每一处，由此才能真正认识植物。虽然这一点是放在总结章节的最后来说的，但它也同等重要。

最后一点，我们正处于一个很荒诞的境地，植物——这种占地球陆地生物总量 99% 的生命体却只引起了我们微乎其微的关注。无论真理是源于对世界远远旁观所得来的客观知识也好，还是源于对事物的直接面对与体悟也罢，我们都不能忘记：我们要把自己置于这个世界之中。

如何才能摆脱一切的讨论与书籍言论，真正着眼于植物与我们之间自发达成的一致呢？爱因斯坦写道："我们所能体验到的最美好的事，就是生命神秘的一面，而这种探求生命神秘性的深刻情感就是真正科学得以诞生和发展的动力源泉。"